1949-2019
新中国气象事业70周年

七十年风雨兼程铸辉煌
新时代气象万千再起航

新中国气象事业
70周年·上海卷

上海市气象局

气象出版社
China Meteorological Press

图书在版编目（CIP）数据

新中国气象事业 70 周年．上海卷 / 上海市气象局编著．-- 北京：气象出版社，2020.12

ISBN 978-7-5029-7156-4

Ⅰ．①新… Ⅱ．①上… Ⅲ．①气象－工作－上海－画册 Ⅳ．① P468.2-64

中国版本图书馆 CIP 数据核字 (2020) 第 153926 号

新中国气象事业70周年·上海卷

Xinzhongguo Qixiang Shiye Qishi Zhounian · Shanghai Juan

上海市气象局　编著

出版发行： 气象出版社

地　　址： 北京市海淀区中关村南大街46号　　**邮政编码：** 100081

电　　话： 010-68407112（总编室）　010-68408042（发行部）

网　　址： http://www.qxcbs.com　　**E－mail：** qxcbs@cma.gov.cn

策　　划： 周　露

责任编辑： 邵　华　王鸿雁　　**终　　审：** 吴晓鹏

责任校对： 张硕杰　　**责任技编：** 赵相宁

装帧设计： 新光洋（北京）文化传播有限公司

印　　刷： 北京地大彩印有限公司

开　　本： 889 mm×1194 mm 1/16　　**印　　张：** 12.75

字　　数： 333 千字

版　　次： 2020 年12 月第1版　　**印　　次：** 2020 年 12 月第 1 次印刷

定　　价： 268.00 元

《新中国气象事业 70 周年 · 上海卷》编委会

总 序

1949 年 12 月 8 日是载入史册的重要日子。这一天，经中央批准，中央军委气象局正式成立，开启了新中国气象事业的伟大征程。

气象事业始终根植于党和国家发展大局，与国家发展同行共进、同频共振。伴随着国家发展的进程，气象事业从小到大、从弱到强、从落后到先进，走出了一条中国特色社会主义气象发展道路。新中国成立后，我们秉持人民利益至上这一根本宗旨，统筹做好国防和经济建设气象服务。在国家改革开放的大潮中，我们全面加速气象现代化建设，在促进国家经济社会发展和保障改善民生中实现气象事业的跨越式发展。党的十八大以来，我们坚持以习近平新时代中国特色社会主义思想为指导，坚持在贯彻落实党中央决策部署和服务保障国家重大战略中发展气象事业，开启了现代化气象强国建设的新征程。70 年气象事业的生动实践深刻诠释了国运昌则事业兴、事业兴则国家强。

气象事业始终在党中央、国务院的坚强领导和亲切关怀下，与伟大梦想同心同向、逐梦同行。党和国家始终把气象事业作为基础性公益性社会事业，纳入经济社会发展全局统筹部署、同步推进。毛泽东主席关于气象部门要把天气常常告诉老百姓的指示，成为气象工作贯穿始终的根本宗旨。邓小平同志强调气象工作对工农业生产很重要，江泽民同志指出气象现代化是国家现代化的重要标志，胡锦涛同志要求提高气象预测预报、防灾减灾、应对气候变化和开发利用气候资源能力，都为气象事业发展指明了方向，鼓舞着我们奋勇前行。习近平总书记特别指出，气象工作关系生命安全、生产发展、生活富裕、生态良好，要求气象工作者推动气象事业高质量发展，提高气象服务保障能力，为我们以更高的政治站位、更宽的国际视野、更强的使命担当实现更大发展，提供了根本遵循。

在党中央、国务院的坚强领导下，一代代气象人接续奋斗、奋力拼搏，气象事业发生了根本性变化，取得了举世瞩目的成就。

70 年来，我们紧紧围绕国家发展和人民需求，坚持趋利避害并举，建成了世界上保障领域最广、机制最健全、效益最突出的气象服务体系。

面向防灾减灾救灾，我们努力做到了重大灾害性天气不漏报，成功应对了超强台风、特大洪水、低温雨雪冰冻、严重干旱等重大气象灾害，为各级党委政府防灾减灾部署和人民群众避灾赢得了先机。我们建成了多部门共享共用的国家突发事件预警信息发布系统，努力做到重点灾害预警不留盲区，预警信息可在 10 分钟内覆盖 86% 的老百姓，有效解决了“最后一公里”问题，充分发挥了气象防灾减灾第一道防线作用。

面向生态文明建设，我们构建了覆盖多领域的生态文明气象保障服务体系，打造了人工影响天气、气候资源开发利用、气候可行性论证、气候标志认证、卫星遥感应用、大气污染防治保障等服务品牌，开展了三江源、祁连山等重点生态功能区空中云水资源开发利用，完成了国家和区域气候变化评估，组织了四次全国风能资源普查，探索建设了国家气象公园，建立了世界上规模最大的现代化人工影响天气作业体系，人工增雨（雪）覆盖 500 万平方公里，防雹保护达 50 多万平方公里，有力推动了生态修复、环境改善，气象已经成为美丽中国的参与者、守护者、贡献者。

面向经济社会发展，我们主动服务和融入乡村振兴、“一带一路”、军民融合、区域协调发展等国家重大战略，主动服务和融入现代化经济体系建设，大力加强了农业、海洋、交通、自然资源、旅游、能源、健康、金融、保险等领域气象服务，成功保障了新中国成立 70 周年、北京奥运会等重大活动和南水北调、载人航天等重大工程，积极引导了社会资本和社会力量参与气象服务，服务领域已经拓展到上百个行业、覆盖到亿万用户，投入产出比达到 1 ： 50，气象服务的经济社会效益显著提升。

面向人民美好生活，我们围绕人民群众衣食住行健康等多元化服务需求，创新气象服务业态和模式，大力发展智慧气象服务，打造“中国天气”服务品牌，气象服务的及时性、准确性大幅提高。气象影视服务覆盖人群超过 10 亿，“两微一端”气象新媒体服务覆盖人群超 6.9 亿，中国天气网日浏览量突破 1 亿人次，全国气象科普教育基地超过 350 家，气象服务公众覆盖率突破 90%，公众满意度保持在 85 分以上，人民群众对气象服务的获得感显著增强。

70 年来，我们始终坚持气象现代化建设不动摇，建成了世界上规模最大、覆盖最全的综合气象观测系统和先进的气象信息系统，建成了无缝隙智能化的气象预报预测系统。

综合气象观测系统达到世界先进水平。气象观测系统从以地面人工观测为主发展到“天—地—空”一体化自动化综合观测。现有地面气象观测站 7 万多个，全国乡镇覆盖率达到 99.6%，数据传输时效从 1 小时提升到 1 分钟。建成了 216 部雷达组成的新一代天气雷达网，数据传输时效从 8 分钟提升到 50 秒。成功发射了 17 颗风云系列气象卫星，7 颗在轨运行，为全球 100 多个国家和地区、国内 2500 多个用户提供服务，风云二号 H 星成为气象服务“一带一路”的主力卫星。建立了生态、环境、农业、海洋、交通、旅游等专业气象监测网，形成了全球最大的综合气象观测网。

气象信息化水平显著增强。物联网、大数据、人工智能等新技术得到深入应用，形成了“云 + 端”的气象信息技术新架构。建成了高速气象网络、海量气象数据库和国产超级计算机系统，每日新增的气象数据量是新中国成立初期的 100 多万倍。新建设的“天镜”系统实现了全业务、全流程、全要素的综合监控。气象数据率先向国内外全面开放共享，中国气象数据网累计用户突破30万，海外注册用户遍布70多个国家，累计访问量超过5.1亿人次。

气象预报业务能力大幅提升。从手工绘制天气图发展到自主创新数值天气预报，从站点预报发展到精细化智能网格预报，从传统单一天气预报发展到面向多领域的影响预报和风险预警，气象预报预测的准确率、提前量、精细化和智能化水平显著提高。全国暴雨预警准确率达到 88%，强对流预警时间提前至 38 分钟，可提前 3 ~ 4 天对台风路径做出较为准确的预报，达到世界先进水平。2017 年中国气象局成为世界气象中心，标志着我国气象现代化整体水平迈入世界先进行列！

70 年来，我们紧跟国家科技发展步伐和世界气象科技发展趋势，大力加强气象科技创新和人才队伍建设，我国气象科技创新由以跟踪为主转向跟跑并跑并存的新阶段。

建立了较为完善的国家气象科技创新体系。我们不断优化气象科技创新功能布局，形成了气象部门科研机构、各级业务单位和国家科研院所、高等院校、军队等跨行业科研力量构成的气象科技创新体系。强化气象科技与业务服务深度融合，大力发展研究型业务。加快核心关键技术攻关，雷达、卫星、数值预报等技术取得重大突破，有力支撑了气象现代化发展。坚持气象科技创新和体制机制创新“双轮驱动”，形成了更具活力的气象科技管理制度和创新环境。气象科技成果获国家自然科学奖 26 项，获国家科技进步奖 67 项。

科技人才队伍建设取得丰硕成果。我们大力实施人才优先战略，加强科技创新团队建设。全国气象领域两院院士 35 人，气象部门入选“千人计划”“万人计划”等国家人才工程 25 人。气象科学家叶笃正、秦大河、曾庆存先后获得国际气象领域最高奖，叶笃正获国家最高科学技术奖。一系列科技创新成果和一大批科技人才有力支撑了气象现代化建设。

70 年来，我们坚持并完善气象体制机制、不断深化改革开放和管理创新，气象事业从封闭走向开放、从传统走向现代、从部门走向社会、从国内走向全球。

领导管理体制不断巩固完善。坚持并不断完善双重领导、以部门为主的领导管理体制和双重计划财务体制，遵循了气象科学发展的内在规律，实现了气象现代化全国统一规划、统一布局、统一建设、统一管理，形成了中央和地方共同推进气象事业发展、共同建设气象现代化的格局，满足了国家和地方经济社会发展对气象服务的多样化需求。

各项改革不断深化。坚持发展与改革有机结合，协同推进“放管服”改革和气象行政审批制度改革，全面完成国务院防雷减灾体制改革任务，深入推进气象服务体制、业务科技体制、管理体制等改革，初步建立了与国家治理体系和治理能力现代化相适应的业务管理体系和制度体系，为气象事业高质量发展注入强大动力。

开放合作力度不断加大。与近百家单位开展务实合作，形成了省部合作、部门合作、局校合作、局企合作的全方位、宽领域、深层次国内开放合作格局。先后与160多个国家和地区开展了气象科技合作交流，深度参与“一带一路”建设，为广大发展中国家提供气象科技援助，100多位中国专家在世界气象组织、政府间气候变化专门委员会等国际组织中任职，气象全球影响力和话语权显著提升，我国已成为世界气象事业的深度参与者、积极贡献者，为全球应对气候变化和自然灾害防御不断贡献中国智慧和中国方案。

气象法治体系不断健全。建立了《气象法》为龙头，行政法规、部门规章、地方法规组成的气象法律法规制度体系，形成了由国家、地方、行业和团体等各类标准组成的气象标准体系，气象事业进入法治化发展轨道。

70年来，我们始终坚持党对气象事业的全面领导，以政治建设为统领，全面加强党的建设，在拼搏奉献中践行初心使命，为气象事业高质量发展提供坚强保证。

70年来，气象事业发展历程中人才辈出、精神璀璨，有夙夜为公、舍我其谁的开创者和领导者，有精益求精、勇攀高峰的科学家，有奋楫争先、勇挑重担的先进模范，有甘于清苦、默默奉献的广大基层职工。一代代气象人以服务国家、服务人民的深厚情怀，谱写了气象事业跨越式发展的壮丽篇章；一代代气象人推动着气象事业的长河奔腾向前，唱响了砥砺奋进的动人赞歌；一代代气象人凝练出“准确、及时、创新、奉献”的气象精神，激发起干事创业的担当魄力！

70年的发展实践，我们深刻地认识到，**坚持党的全面领导是气象事业的根本保证。**70年来，在党的领导下，气象事业紧贴国家、时代和人民的要求，实现健康持续发展。我们坚持以习近平新时代中国特色社会主义思想为指导，增强“四个意识”，坚定“四个自信”，做到“两个维护”，把党的领导贯穿和体现到气象事业改革发展各方面各环节，确保气象改革发展和现代化建设始终沿着正确的方向前行。**坚持以人民为中心的发展思想是气象事业的根本宗旨。**70年来，我们把满足人民生产生活需求作为根本任务，把保护人民生命财产安全放在首位，把老百姓的安危冷暖记在心上，把为人民服务的宗旨落实到积极推进气象服务供给侧结构性改革等各方面工作，促进气象在公共服务领域不断做出新的贡献。**坚持气象现代化建设不动摇是气象事业的兴业之路。**70年来，我们坚定不移加强和推进气象现代化建设，以现代化引领和推动气象事业发展。我们按照新时代中国特色社会主义事业的战略安排，谋划推进现代化气象强国建设，确保气象现代化同党和国家的发展要求相适应、同气象事业发展目标相契合。**坚持科技创新驱动和人才优先发展是气象事业的根本动力**。70 年来，我们大力实施科技创新战略，着力建设高素质专业化干部人才队伍，集中攻关制约气象事业发展的核心关键技术难题，促进了气象科技实力和业务水平的不断提升。**坚持深化改革扩大开放是气象事业的活力源泉**。70 年来，我们紧跟国家步伐，全面深化气象改革开放，认识不断深化、力度不断加大、领域不断拓展、成效不断显现，推动气象事业在不断深化改革中披荆斩棘、破浪前行。

铭记历史，继往开来。《新中国气象事业 70 周年》系列画册选录了 70 年来全国各级气象部门最具有历史意义的图片，生动全面地记录了气象事业的发展足迹和突出贡献。通过系列画册，面向社会充分展示了气象事业 70 年来的生动实践、显著成就和宝贵经验；展现了气象事业对中国社会经济发展、人民福祉安康提供的强有力保障、支撑；树立了“气象为民”形象，扩大中国气象的认知度、影响力和公信力；同时积累和典藏气象历史、弘扬气象人精神，能够推动气象文化建设，凝聚共识，汇聚推进气象事业改革发展力量。

在新的长征路上，气象工作责任更加重大、使命更加光荣，我们将以习近平新时代中国特色社会主义思想为指导，不忘初心、牢记使命，发扬优良传统，加快科技创新，做到监测精密、预报精准、服务精细，推动气象事业高质量发展，提高气象服务保障能力，发挥气象防灾减灾第一道防线作用，以永不懈怠的精神状态和一往无前的奋斗姿态，为决胜全面建成小康社会、建设社会主义现代化国家做出新的更大贡献！

中国气象局党组书记、局长：刘雅鸣

2019 年 12 月

前言

新中国成立70年来，上海气象事业走过了极其不平凡的发展历程，在中国共产党的坚强领导下，上海气象以马克思列宁主义、毛泽东思想、邓小平理论、“三个代表”重要思想、科学发展观、习近平新时代中国特色社会主义思想作为自己的行动指南，不断攻坚克难，经受住了各种考验。伴随着上海城市经济社会发展和气象科技进步，气象工作的重点和内涵也在不断变化，由原先的为军队服务、为农服务为主逐步发展为气象融入超大城市精细化管理，全方位保障城市的安全运行和经济生产生活的各个领域，气象正在深刻影响着市民生活的方方面面，上海气象事业取得了瞩目成就。

70年来，上海已经初步建成了国际一流的综合观测体系，气象预报准确率和精细化程度不断提升，灾害天气预警时效逐步提高。气象服务紧跟需求，不断拓展服务内容，建立了气象服务美好生活和气象防灾减灾服务协调发展、有效衔接的气象服务业务体系。气象科技工作持续推进，在台风、海洋、数值预报、城市气象服务、气候变化等领域取得丰硕研究成果。新中国成立以来，上海气象部门共获国家级科技奖励13项，省部级科技奖励86项。国际合作不断深化，21世纪以来，先后承担了世界气象组织6项示范项目，16项双边合作项目，响应“一带一路”倡议，向“一带一路”沿线国家（缅甸等）推广区域数值预报模式及相关技术。气象法治工作不断健全，出台了气象法实施办法和气象灾害防御办法等地方性法规和政府规章，为上海的气象工作和气象现代化建设提供法治保障。

70 年来，上海气象部门始终坚持干部人才队伍建设紧随时代发展，始终秉持“千秋基业、人才为本”的理念，努力为适应事业发展夯实干部人才基础。上海气象部门的干部人才管理制度不断科学规范，队伍素质持续提升，队伍结构不断优化，职工规模、学历层次、高级职称比例等有了大幅度提升，各类人才脱颖而出。依托双重计划财务体制，中央、地方财政对上海气象事业的投入力度保持稳定，重点业务运行维持经费纳入上海市财政预算，为上海气象事业发展提供了有力的资金支持。

70 年砥砺奋进，70 年春华秋实。在习近平新时代中国特色社会主义思想指引下，上海气象部门将进一步提高政治站位，坚决贯彻落实习近平总书记考察上海的重要讲话精神和对气象工作的系列重要指示精神，找准工作切入点，抓好各项任务落实，以“不忘初心、牢记使命”主题教育的扎实成效推动上海气象事业高质量发展，不断满足上海广大市民和经济社会发展的需求。在中国气象局和上海市委市政府的领导下，积极主动作为，不断创新，大胆探索，发挥好基层首创精神，先行先试，大胆应用，调动上海气象广大干部职工的创造力和战斗力，书写上海气象事业新的辉煌！

上海市气象局

2019 年 12 月

目录

未来资产

上海气象事业起步发展（1949—1977 年）

1949 年 5 月上海解放后，上海气象事业迅速得到恢复和发展。1949 年 5 月和 1950 年 12 月，上海市军事管制委员会先后接管上海气象台和徐家汇观象台。1954 年 11 月，华东区上海海洋气象台改建为上海中心气象台，负责发布华东区及沿海的气象预报及业务技术指导。1958 年，上海气象部门派员到郊区开展了县气象站的接收和组建工作，从而构成了上海全市气象台站网。1959 年 5 月，上海市气象局成立，加强了对上海市气象台站的领导。1959 年，在长江口外建立了中国第一个设在引水船上的气象观测站，建立了中国第一个天气雷达站，最早利用雷达探测台风、降水。1963 年，以上海天气雷达为依托，建立我国首个中小尺度天气系统研究基地。1972 年，首次接收国外的气象卫星云图，并应用于气象业务工作。1974 年，购进国产 DJS-6 型电子计算机，运算速度 5 万次 / 秒，为我国气象部门开展早期的计算机业务提供便利。

1949 年 5 月 31 日，中国人民解放军上海市军事管制委员会下达军事接管第一号命令，接收大西路 377 号（今延安西路 394 弄 8 号）原国民党中央气象局上海气象台。

1950 年 12 月 11 日，根据中央人民政府外交部指令和上海市军事管制委员会命令，上海市军事管制委员会徐家汇及佘山天文气象台管理委员会接管徐家汇观象台，结束了外籍人员在上海开展气象业务的历史。

1952 年 11 月 1 日起，上海气象台和华东人民广播电台合办大风警报广播，每天向华东沿海播发 2 次。

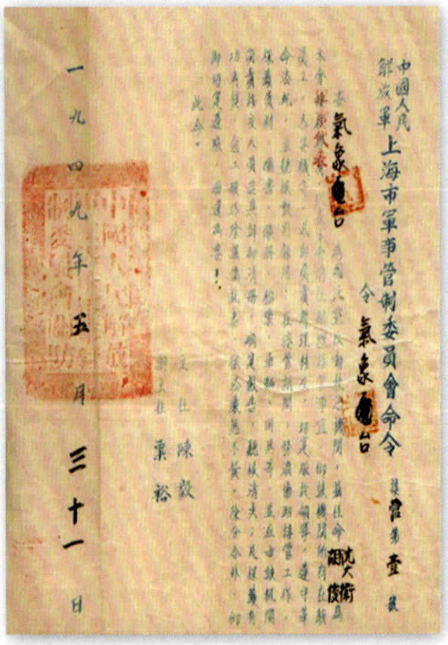
中國人民解放軍上海市軍事管制委員會命令 接管字第壹號

令 氣象台

此令。

主任 陳毅
副主任 粟裕

一九四九年五月三十一日

▲ 1949 年接管令

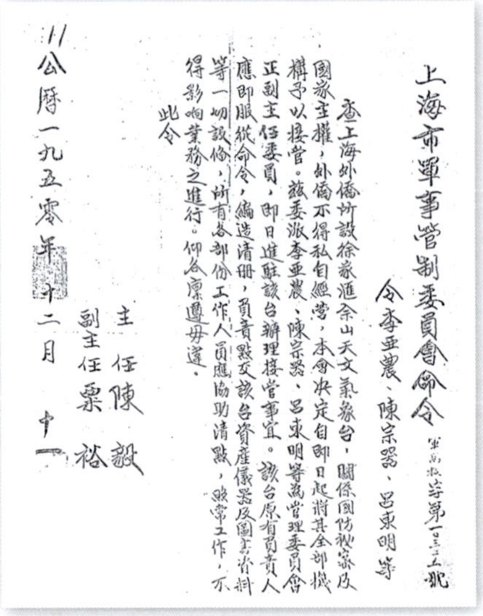
上海市軍事管制委員會命令

令李亞農、陳宗器、呂東明等

查上海外僑所設徐家滙佘山天文氣象台，關係國防秘密及國家主權，外僑不得私自經營，本會決定自即日起將其全部機構予以接管。茲委派李亞農、陳宗器、呂東明等為管理委員會正副主任委員，即日進駐該台辦理接管事宜。該台原有負責人應即服從命令，編造清冊，負責點交該台資產儀器及圖書資料等一切設備，所有各部份工作人員應協助清點，照常工作，不得影响業務之進行。仰各凛遵毋違。

此令

主任 陳毅
副主任 粟裕

公曆一九五零年十二月十一

▲ 1950 年接管令

◀ 1953 年，广播电台广播大风预警场景

1959 年 6 月 1 日，上海建成中国第一个天气雷达站，采用从英国引进的马可尼测雨雷达，这是中国首部测雨雷达。

1975 年 3 月 7 日，上海中心气象台与郊县气象站之间建立无线电气象传真广播系统，此为全国气象系统最早建立的无线电传真网络。

▲ 马可尼测雨雷达是中国首部测雨雷达

▲ 1970 年左右的电传打字机

观测工作

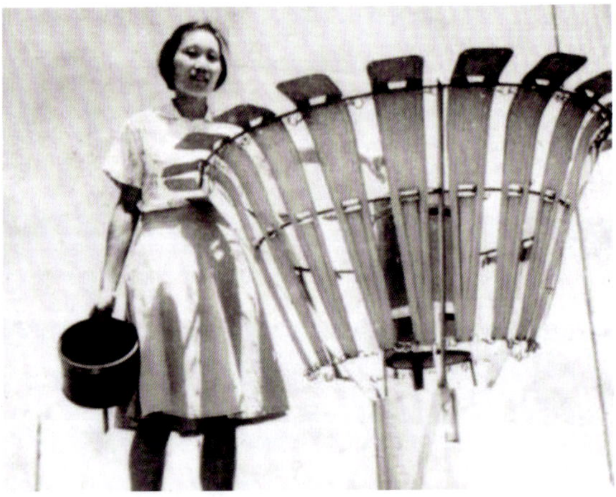

1 2
3 4

1. 1956 年，龙华气象观测场
2. 1958 年，松江县气象站观测人员在进行观测
3. 1958 年，松江县气候站气象工作人员合影
4. 1958 年 10 月，宝山县气象站站貌

1959 年 1 月 2 日，青浦县气象站建立，站址在青浦县赵巷七号桥县农场内

1961 年，迁至宝山县委党校内的宝山县气象站

1976 年 5 月 20 日，奉贤县气象站站貌（位于江海公社南星十一队）

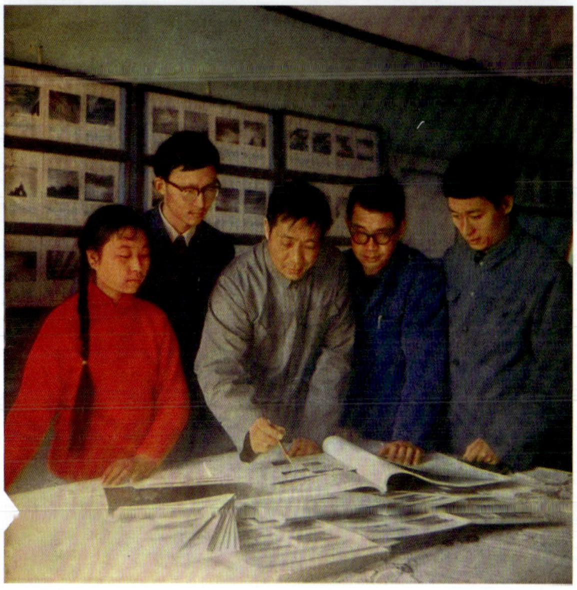

宝山县气象站云天研究小组入选《气象》杂志 1978 年第 2 期封面

业务交流

1956 年，上海气象台通信股进行气象报务训练，当时气象资料来源于收集莫尔斯气象电报，全靠收讯员戴上耳机进行人工抄收 ▶

▲ 1958 年 11 月 21 日，气象通讯干线电传工作会议代表合影

▲ 1959 年 2 月 28 日，全国气象仪器检定工作会议代表合影

▲ 1963 年 9 月，中央气象局召开七省市气象通信工作会议，与会代表合影

▲ 1977 年 4 月 11—19 日，中央气象局邀请有关专家在宝山县气象站召开气象观测规范改革座谈会，与会代表合影

国际学术交流

1963 年 3 月，越南国会副委员长、社会党总书记率越南气象代表团访问上海气象局 ▶

▲ 1973 年 10 月，瑞士气象研究所所长携夫人参观宝山县气象站

▲ 1974 年 4 月，美国气象学会代表团参观市气象局

▲ 1974 年 6 月，朝鲜中央气象水文预报所代表团参观市气象局

▲ 1975 年 12 月，巴基斯坦气象局代表团参观市气象局

1 2
3 4

1. 1976 年 7 月，阿尔巴尼亚气象代表团参观市气象局

2. 1976 年 7 月，阿尔巴尼亚气象代表团参观嘉定马陆气象哨

3. 1976 年 10 月，墨西哥气象局局长携夫人参观市气象局

4. 1977 年 4 月，埃及气象局代表团参观市气象局

1

2

3　5

4

1. 1977 年 8 月，坦桑尼亚气象代表团参观市气象局

2. 1977 年 9 月，墨西哥气象仪器考察团参观市气象局

3. 1977 年 9 月，墨西哥气象仪器考察团到龙华观测场实地考察

4. 1977 年 11 月，联合国世界气象组织洪水预报讲习班访问参观奉贤县气象站

5. 1978 年 9 月，非洲气象考察团（乍得、马里、摩洛哥、突尼斯、喀麦隆、上沃尔特、几内亚比绍、尼日尔、塞内加尔）考察奉贤县气象站

获奖情况

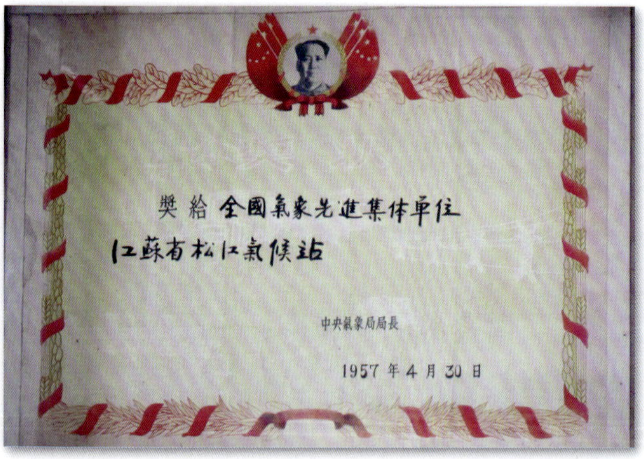

▲ 1957 年，江苏省松江气候站（现上海市松江区气象局）获“全国气象先进集体单位”称号

▲ 1977 年，宝山县气象站研制的“云系演变与天气变化的模式指标与云图”被上海市人民政府授予“上海市重大科学技术成果奖”

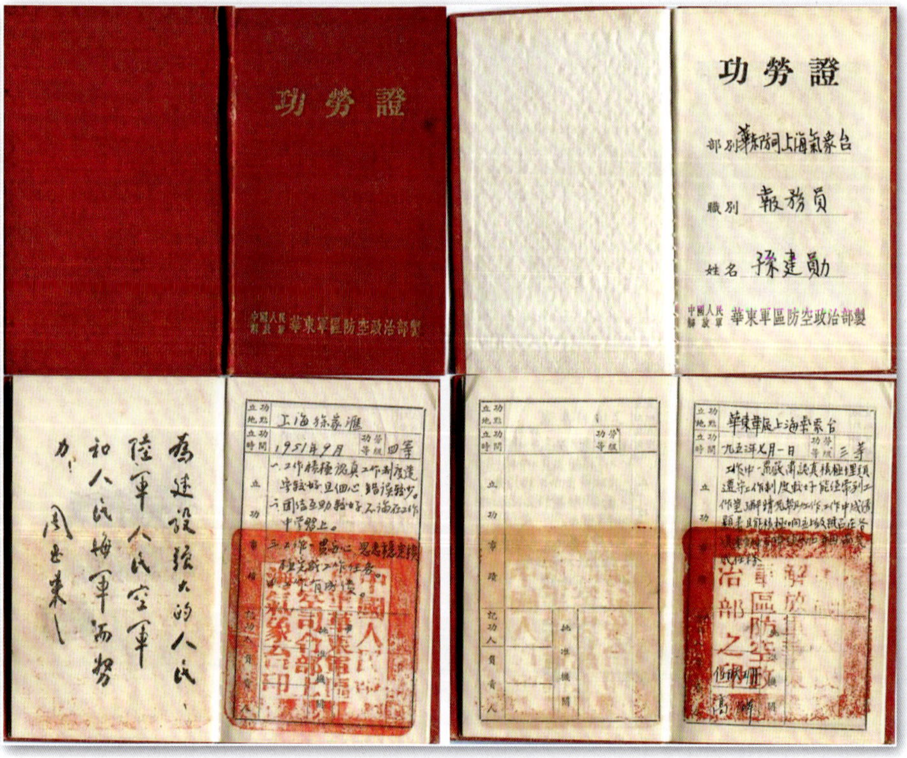

▲ 报务员孙建勋在上海气象台工作期间因抄气象电报无错情，成绩突出，在 1951、1953 年先后荣立四等功、三等功各一次

重大气象灾害

1949 年 7 月台风

1949 年 7 月 24 日，上海解放还不到两个月，这天正是周日，午后天气突然转阴，4906 号台风此时已穿越冲绳岛，以每小时 26 千米的速度朝杭州湾直扑上海。晚上 8 时，上海开始下雨，雨越下越大。

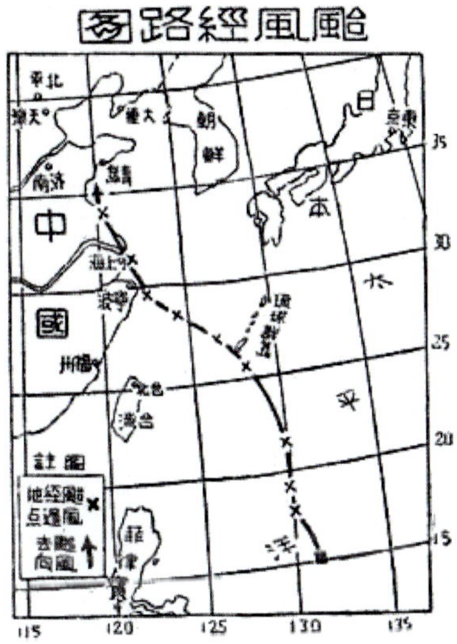

▲ 1949 年 7 月，4906 号台风路径图

▲ 1949 年 7 月 27 日东亚天气图

晚上 9 时，台风在金山至浙江平湖间登陆，最大风速为 39 米 / 秒，风力 12 级，徐家汇降水量达 161.3 毫米。

这天是农历六月廿九，正值天文大潮期，风、暴、潮“三碰头”使得台风威力更猛。黄浦江苏州河口潮位高达 4.77 米，吴淞口潮位进而涨至 5.19 米，导致海水倒灌，继而引发市内河道大水漫溢。

当时市区仅有防汛泵站 11 座，雨水管道 531 千米，每秒排水量只有 16 立方米。倾泻而下的暴雨叠加倒灌的海水令陈旧的下水管网不堪重负。更糟糕的是，那时的黄浦江市区段并没有修筑防汛墙。

这场台风造成 7.5 万上海人受灾，死亡 1600 余人，受淹农田 208.3 万亩 *，倒塌房屋 63200 间。

* 1 亩 ≈ 666.67 平方米。

▲ 组图：1949 年台风受灾情况

早在 1949 年 7 月 20 日，上海气象台就已经发现 4906 号台风在北纬 15°、东经 131°（即菲律宾以东、帛琉岛以北的太平洋洋面）生成，并缓慢向西北方向移动，强度逐渐增强。

7 月 23 日下午 3 时，台风经冲绳岛以西，朝浙江沿海推进，其中心气压 960 百帕。经过认真分析、会商，预报员们预测台风将于 24 日晚在宁波附近登陆后，经杭州湾，在 25 日晨影响上海。

7 月 24 日，上海气象台发布台风紧急警报，并专门呈报上级主管机关市军管会文教管理委员会高等教育处，同时还将警报消息发送给各报馆。

经上海气象台再三要求，24 日出版的《新民报》晚刊在头版的右下角里刊登了台风警报，但这则豆腐干大的消息并未引起市民们的警惕。《解放日报》在 25 日台风肆虐上海之后刊出警报讯息，气象预报变成了“气象迟报”。获知这一情况后，当时的市长陈毅拍案怒斥：“这是把人民的生命财产当儿戏！”

事后查明，原来根据市军管会秘三字第六号令的规定，报纸不得刊登气象消息，以防止敌特分子利用公开发布的天气预报进行空袭。因此，台风警报这类敏感的气象信息当然属于机密文件，不能随意公之于众。虽说事出有因，但陈毅市长的心情依然沉重，“空袭，不光是美蒋飞机，还有老天爷的暴风雨哩！飞机只能扔几个炸弹，而台风暴雨不但从顶上来，还从地上翻江倒海一起来，比美蒋的飞机还厉害。要是我们早知道，采取预防措施，就会减少损失。”他语气愈加凝重，“管理城市，我们确实没有经验，要对革命、对人民负责，还得要学科学知识。”

为了避免类似事件重演，陈毅市长签发了市军管会第 189 号通令，规定其他未解放区及太平洋上之一切气象信息，各报馆及电台可根据上海气象台的报告发布，必要时报纸应在显著位置刊发。上海及其他解放区的一般气象预报仍暂停发布。命令一出，上海的台风预报工作立即走上正轨。7、8 两个月，一有气象台方面关于台风活动的最新消息，《解放日报》《新民报》晚刊等纷纷予以及时报道，提醒市民加强防范。

▲ 1956 年 8 月 2 日，强台风袭击下，徐家汇天主教堂顶 400 千克重十字架被吹折

▲ 组图：1962 年 9 月 6 日 2—3 时，龙卷袭击龙华民航机场，3 架民航飞机被摧毁，4 架飞机严重损坏

上海气象现代化吹响号角（1978—1987年）

党的十一届三中全会后，上海气象事业在改革开放中顺应上海经济建设发展的大趋势进行气象事业现代化建设。1980年，国务院批准全国气象部门实行与地方政府双重领导并以气象部门领导为主的管理体制后，上海市气象局调整了局职能部门和直属事业单位的机构设置，在业务、服务和管理上进行一系列改革。

上海气象现代化建设迅速发展。开展了台风、暴雨、强对流大气、数值预报、海洋气象、农业气象等方面的科学研究。1981年，率先在全国建成上海市台站间的超高频通信网。1982年，为适应上海城市环境保护和研究城市特殊天气气候的需要，在市区的东、南、西、北、中设置11个城市气象哨，组建新中国第一个城市气象观测网。1983年，第一个建立我国二级气象传真广播，发布有区域特色的气象传真产品。1983年，组织华东区域的雷达联防，制作和发布区域雷达回波综合图。1985年建成的上海气象大楼，建筑面积1万余平方米，成为当时徐家汇地区的标志性建筑。1986年，引进安装了PDP-11/14VAX-11/780小型机和大批微型计算机，应用于对大气信息的获取、传递、处理和分析加工，在天气预报、大气探测、气象通信和气候资料处理等方面取得不同程度的进展，从而建立起新的气象业务体系。数值天气预报业务子系统投入业务运行，还建立了短时、短期和中期预报工作站，丰富了预报信息量，向天气预报客观化、定量化、自动化迈进了一大步。

气象现代化建设全面起步

1978 年 5 月，上海市气象局报送《关于一九七八—一九八五年上海市气象事业发展规划（草案）》，草案中根据五届全国人大和全国科学大会精神，提出上海市气象工作八年奋斗目标：1. 提高气象探测、情报传输和资料处理的现代化、自动化水平，使基础业务的时效和质量适应天气预报、气象科研和服务的需要。2. 天气预报的准确率接近或达到世界先进水平。3. 建成初具规模的海洋气象业务、服务体系。4. 加强气象科学研究，在台风、海上大风、暴雨、气候、农业气象以及县站预报等六个方面，获得一批有较高水平的科研成果。

"独 特 的 研 究"

加快气象科技现代化

▲ 1978 年 11 月 30 日，《文汇报》第三版刊登新闻《本市举行气象工作会议 加快气象科技现代化》

气象探测、情报传输和资料处理的现代化、自动化

高空、地面、太阳辐射观测，卫星云图接收和雷达探测、城市梯度风观测，组成了综合性的大气探测体系，初步实现了实时信息处理自动化。

▶ 高空、地面、太阳辐射观测

▲ 20 世纪 80 年代，龙华气象站地面观测场

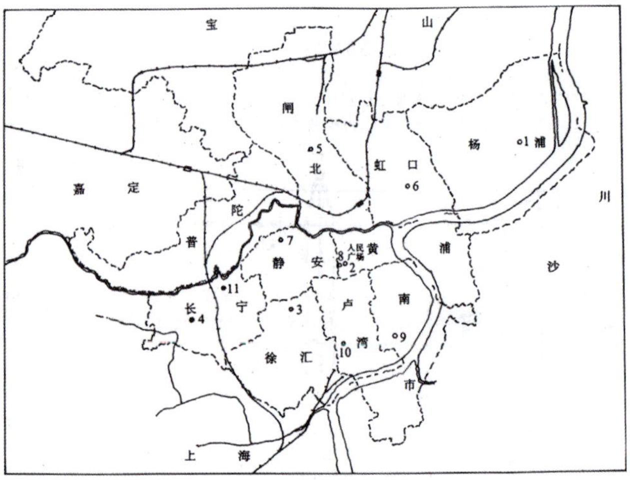

▲ 1983 年，上海城市气象哨分布图

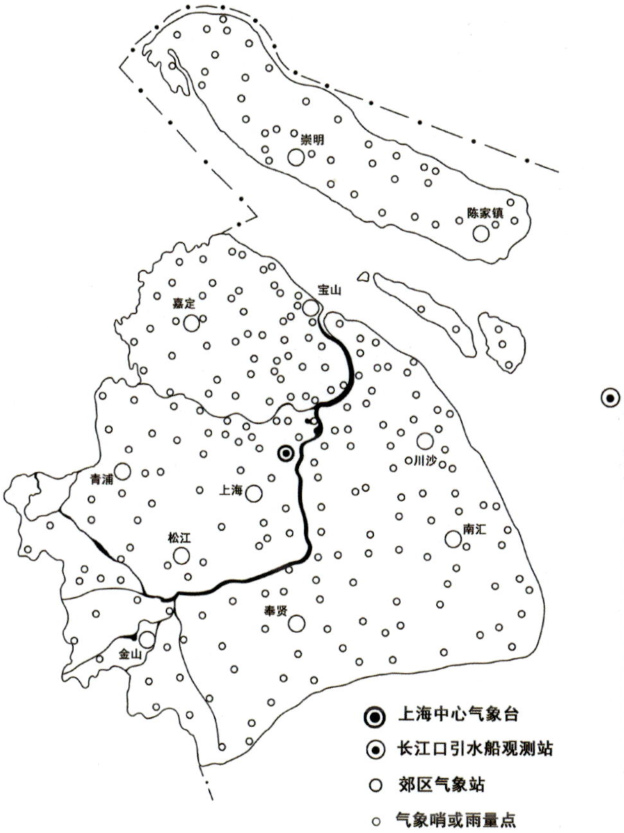

▲ 1984 年，上海城市气象站（哨、雨量点）分布图

▲ 1986 年 5 月，奉贤县气象站首次采用 PC-1500 机进行地面气象测报编发报，提高了测报工作效率

▲ 20 世纪 80 年代末，地面观测编报

▲ 20 世纪 80 年代末，701B 天气雷达测风编报

观测风向风速

测地温

研制“全天摄影仪”

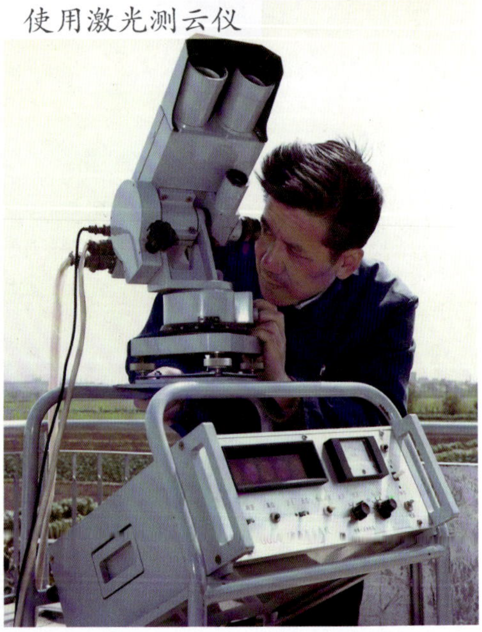
使用激光测云仪

▲ 20 世纪 80 年代末，宝山县气象站技术人员在进行观测

▲ 1968 年 1 月—1980 年 6 月，金山县气象站老站（左，位于朱泾公社前进一队）与 1981 年 5 月 28 日，金山县气象站（右，1980 年 7 月搬迁）

▲ 20 世纪 80 年代，原上海县气象站（1993 年 7 月更名为闵行区气象局）

▲ 1980 年 6 月迁至宝杨路 280 号的宝山县气象站

▲ 20 世纪 80 年代，崇明县侯家镇气象站

▲ 1983 年，地处松江镇南门东郊外的松江县气象站

▲ 20 世纪 80 年代初，浦东川沙气象站

卫星云图接收

气象卫星云图接收系统于 1972 年 7 月正式建立，先后接收美国的 EASS 系列和 NOAA 系列气象卫星资料。从 1978 年 8 月开始接收日本 GMS 同步气象卫星资料。

1
3 2
4

1. 20 世纪 80 年代末的气象卫星云图接收设备
2. 20 世纪 80 年代末的气象卫星云图计算处理系统
3. 1988 年的 WT-3 卫星云图接收天线
4. 1988 年的卫星云图实时接收和图像处理系统

雷达探测

1979 年，上海市气象局配备国产 713 型天气雷达，1988 年 4 月 25 日更新为国产 714-B 型数字化终端天气雷达，该雷达波长 10 厘米，脉冲功率 600 千瓦，由一个显示器进行回波平面位置显示或高度距离显示。

▲ 组图：1984 年的 713 型天气雷达

▲ 1984 年 11 月，713 型天气雷达搬迁到上海气象大楼，雷达天线安置在 17 层楼顶，天线海拔高度 68 米

1988 年 4 月 25 日，配置国产 714-B 型数字化终端天气雷达，撤换 713 型天气雷达，天线安置在原 713 型雷达天线的位置

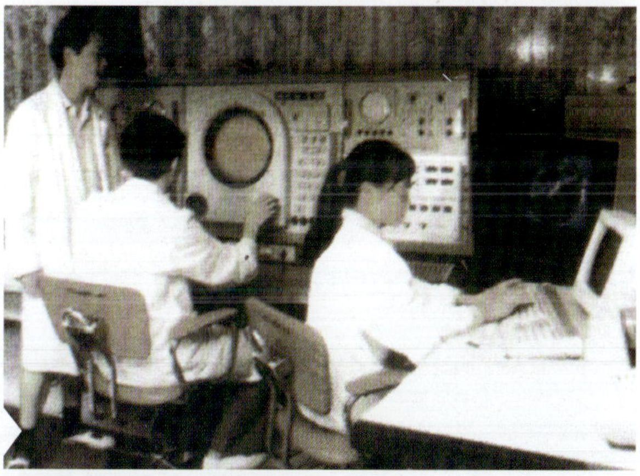

1991 年，利用 714 天气雷达进行探测分析

1991 年，上海市气象局在 8 个雷达站组成的华东雷达网基础上，通过技术革新以人工数字拼图代替了手工拼图的操作方法，为区域短时灾害性天气预报做出了重要贡献

城市梯度风观测

1980 年 1 月，上海市气象局与上海建筑科学研究所协作，在上海电视塔的 7 个不同高度上安装 14 台风速仪，进行城市风速梯度观测。

20 世纪 90 年代的上海电视塔

区域气象传真广播业务

1980 年 8 月 1 日，全国气象干线的传输速度由 50 波特（即单位时间内载波参数变化的次数，1 波特即指每秒传输 1 个信号）提高到 75 波特（每分钟 400 码提高到 600 码）。上海气象通信配置德国 T-1000 型全电子式 50 ～ 100 波特电传机，经过市电报局的协作，逐步完成了上海至北京气象中心、上海至武汉、沈阳、广州气象中心以及上海至南京、杭州、福州、宁波等省市气象台和上海市气象部门的电传通信从 50 波特提速到 75 波特的通信业务工作。

1983 年 2 月 1 日，成立上海区域气象传真广播台（亦称二级气象传真广播），当日 14 时 30 分启动 114 型和 ZFQ-1 型气象传真发片机，由专用市话电缆把信号传输到真如发射台，向华东六省一市播发无线气象传真广播。

广播范围包括山东、江西、安徽、江苏、浙江、福建省和上海市以及 135°E 以西，20° ～ 40°N 海洋范围内，均可收到上海气象传真广播。

它的发射功率包括 1.6 千瓦单边带发信电路 1 条，6 ～ 8 千瓦单边带发信电路 5 条，15 千瓦单边带发信电路 1 条。使用频率有 11420，14550，16435，18940 千赫等。

广播内容包括华东区域地面图，降水量图，晴雨、大风预报图，上海数值预报图，雷达图，物理量计算值，强对流天气展望预报，热带气旋警报等气象资料。

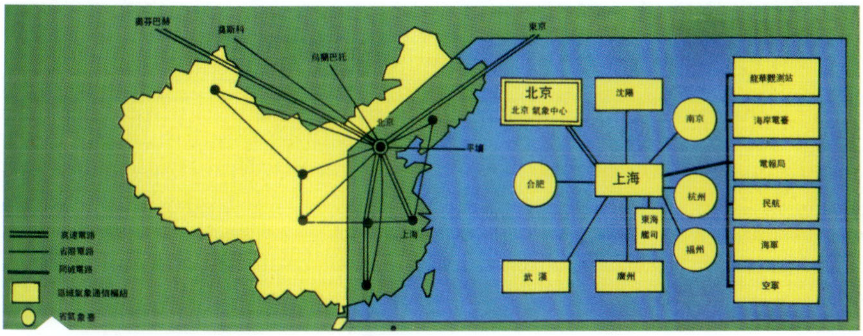

▲ 1980 年代上海气象通信网络图

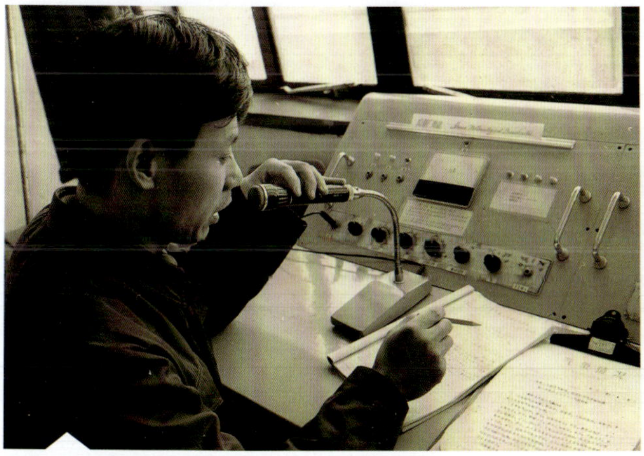

▲ 1981 年，宝山县气象站预报组职工对人民公社直接广播天气预报

▲ 1988 年，上海区域气象传真广播（BDF2）电台对华东和西北太平洋区域进行气象传真广播

超高频通信

1980 年 6 月，上海市气象台站之间的超高频通信网建成，成为全国最早的省、市级气象台间的超高频通信网，长达 25 年的租用气象电话专线历史结束。

1982 年，各县气象站装备了超高频无线电（UHF）对讲机，上海中心气象台与各县气象台之间除定时联系外，可随时进行天气预报、情报和各种信息的传达。

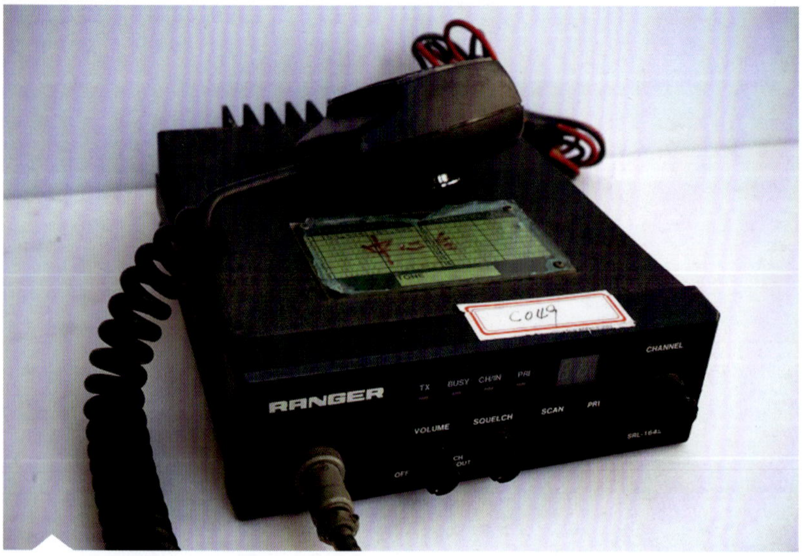

▲ 超高频无线电对讲机

天气预报水平逐步提高

上海市气象局把提高天气预报，特别是灾害性、关键性天气预报的准确率作为这一时期的主攻任务，数值天气预报进一步完善，天气形势和要素预报能力逐步提高。

每天收集大量的各类气象探测资料，运用天气学、动力学和统计学方法，制作和发布各种时效和范围的天气预报、预警，并向区域各台提供多种分析预报图和资料。

1980 年 5 月，上海市气象局数值天气预报实现业务自动化，同年北京气象中心向全国气象系统广播数值天气预报模式（史称 B 模式）产品，上海模式别称为 A 模式，为我国天气预报自动化、定量化、客观化迈出第一步。

1989 年 4 月，完成了在五层模式业务数值天气预报系统中增加 24 小时天气预报物理量的输出，以后又把干模式改进成湿模式。

到 1990 年，数值天气预报产品有 1000、700、500 百帕 24、36、48 小时预报图，降水区和物理量预报等。

▲ 20 世纪 80 年代末的天气预报会商

1　2

3　4

1. 20 世纪 80 年代末，气象预报员绘制天气形势图

2. 20 世纪 80 年代末，科研人员正在做卫星遥感技术研究

3. 20 世纪 80 年代末，业务员用计算机作数值天气预报

4. 20 世纪 80 年代末，科研人员进行数值天气预报研究

建成初具规模的海洋气象业务服务体系

1978 年 4 月，为了适应渔业生产向外海发展和开发海洋资源的需要，上海海洋气象台成立，负责海洋气象预报服务工作。

20 世纪 80 年代起，逐步开展了海上气象专业预报服务。

1983 年 3 月，上海中心气象台向长江航运上海分局提供专业气象服务的协议正式签订。

1984 年，上海气象服务公司在公开招标中获胜，为 BP（英国石油）公司在南黄海钻探石油提供气象服务业务。同年 7 月，BP（英国石油）公司海上平台受到台风影响，气象部门及时发布准确的台风预报，为这家企业安排人员撤离和平台安全守护赢得了时间。因此，美国雪德公司决定不再招标，直接要求上海气象服务公司提供气象服务业务，此举在国际上是不多见的。

▲ 20 世纪 80 年代末时的天气预报值班室

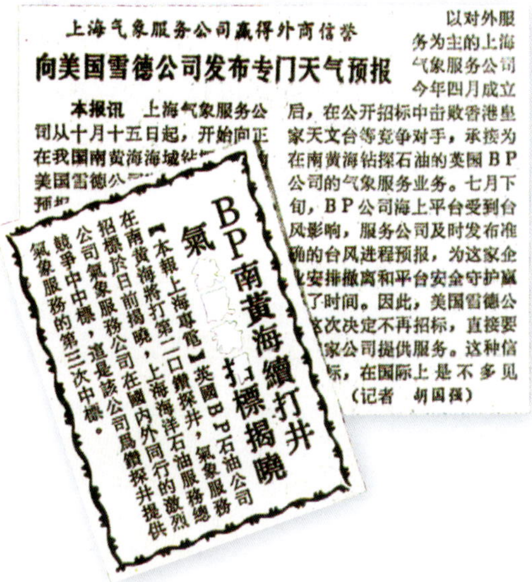

上海气象服务公司赢得外商信誉

向美国雪德公司发布专门天气预报

本报讯　上海气象服务公司从十月十五日起，开始向正在我国南黄海海域钻……美国雪德公……预报……

以对外服务为主的上海气象服务公司今年四月成立后，在公开招标中击败香港皇家天文台等竞争对手，承接为在南黄海钻探石油的英国BP公司的气象服务业务。七月下旬，BP公司海上平台受到台风影响，服务公司及时发布准确的台风进程预报，为这家企业安排撤离和平台安全守护赢……了时间。因此，美国雪德公……次决定不再招标，直接要……家公司提供服务。这种信……标，在国际上是不多见……

（记者　胡国强）

BP南黄海續打井

氣……招標揭曉

【本報上海專電】英國BP石油公司在南黄海將打第二口鑽探井，氣象服務招標於日前揭曉，上海海洋石油服務總公司氣象服務公司在國內外同行的激烈競爭中中標，這是該公司爲鑽探井提供氣象服務的第三次中標。

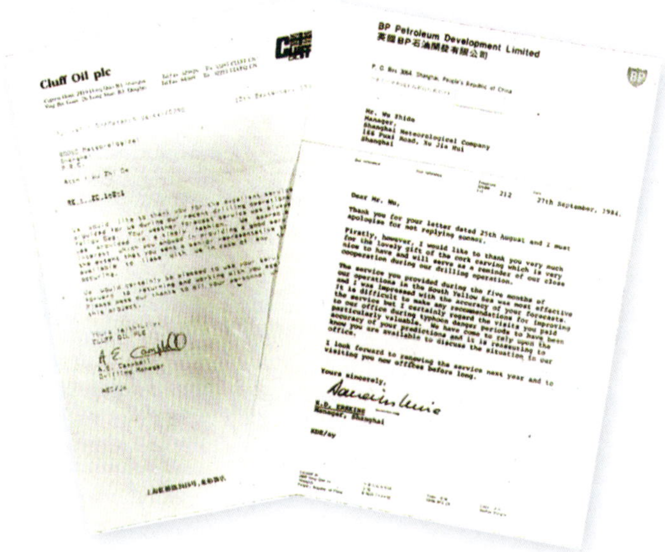

▲ 1984 年，上海气象服务公司为 BP（英国石油）公司、美国雪德公司提供专业气象服务业务

▲ 1984 年，上海气象服务公司为 BP（英国石油）公司、美国雪德公司提供专业气象服务业务签订的合同

▲ 20 世纪 80 年代中期，奉贤县气象站开展有偿专业气象服务，这是工作人员利用固定电话进行专业气象咨询服务的情形

▲ 20 世纪 80 年代的石油钻探平台

气象科学研究成效显著

加强气象科学研究

这一时期，上海市气象部门加强气象科学研究，在台风、海上大风、暴雨、气候、农业气象以及县站天气预报等六个方面，获得一批有较高水平的科研成果。

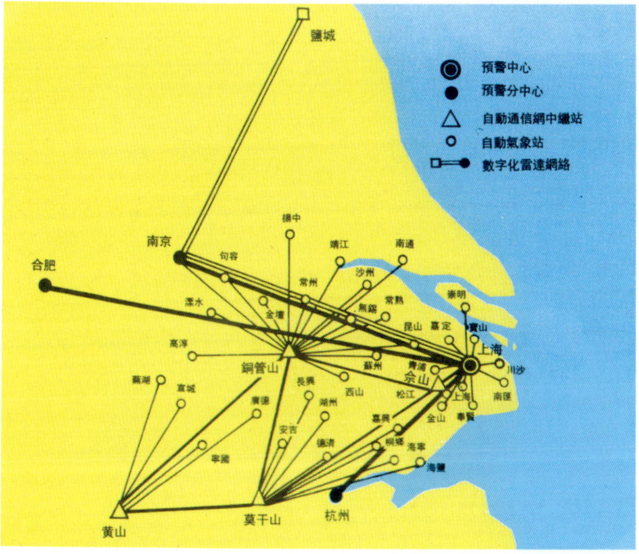

▲ 1990 年，“七五”期间国家重点攻关课题长三角短时灾害性天气预警系统项目成果

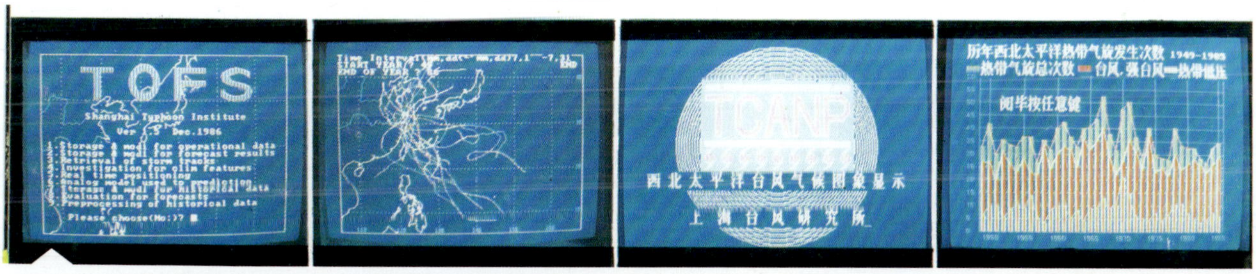

▲ 1986 年的西北太平洋台风气候图像显示系统

▲ 1986 年的中国温带气旋检索系统

1 2 3
4 5
6

1. 20 世纪 80 年代末的学术交流

2. 20 世纪 80 年代末，气象工作者进行科研计算

3. 1985 年，《台风年鉴》相关人员讨论工作

4. 1983 年，宝山县气象站向中国气象科学研究院专家汇报业务工作

5. 1982 年，崇明县气象站技术人员查看气象报表

6. 20 世纪 70 年代后期，奉贤县气象站气象科技人员通过探究云天演变规律的气候背景，建立“观云测天”模式，监测未来天气

上海气象大楼建成

上海气象大楼是当时徐家汇地区第一高楼。气象大楼位于漕溪北路 280 号，1982 年 7 月正式施工，历时 2 年多竣工，于 1985 年 1 月启用，是上海市优质工程之一。大楼由主楼、辅楼及连廊组成，主楼 14 层，高 61.4 米，建筑面积 1.12 万平方米。整座建筑高低错落层次鲜明，显示气象建筑个性。

▲ 1985 年，上海气象大楼封顶时拍摄的气象局人院

▲ 1985 年，上海气象大楼外观

◀ 组图：上海气象大楼建成过程

左上：使用“宝钢”支援上海市气象局的、从日本引进的混凝土泵车浇筑地下，提高效率

右上：工人挑灯夜战，加快施工速度

左下：正在施工中的气象大楼，是改革开放后徐家汇地区建造的第一幢高层建筑

右下：1985 年气象大楼建成启用

国际学术交流

1	2
3	4
5	6

1. 1978 年 1 月 4 日，澳大利亚气象局专家参观龙华气象站地面观测场

2. 1978 年 7 月，嘉定县气象站接待埃及气象代表团

3. 1978 年 7 月，坦桑尼亚气象代表团参观奉贤县气象站

4. 1978 年 9 月，非洲十国气象为农业服务考察团到上海市气象局考察

5. 1979 年，嘉定县气象站接待塞内加尔气象代表团

6. 1979 年，市气象局接待美国气象代表团

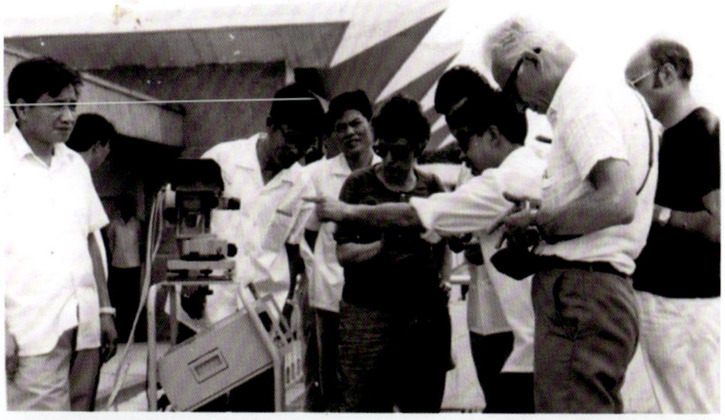

1 2
3 4
5 6
7

1. 1980 年 5 月，美国国家海洋大气局数值天气预报代表团参观市气象局

2. 1980 年 7 月，欧洲多国别代表团参观宝山县气象站

3. 1983 年，宝山县气象站接待国外气象专家

4. 1985 年 2 月，世界气象组织主席团会议代表一行在国家气象局局长邹竞蒙陪同下来沪访问，参观上海市气象局卫星雷达室

5. 1987 年 2 月，芬兰气象代表团参观奉贤县气象站

6. 1987 年 9 月 11 日，拉丁美洲国家气象考察组参观上海县气象站

7. 1988 年，市气象局邀请伊朗气象代表团到上海物资管理处了解上海气象仪器生产情况

获得的荣誉

1978 年，上海市气象局 6 项科研成果获全国科学大会奖：1. 业务数值天气预报自动化系统；2. 地面气象资料信息化模式及处理标准程序；3. 预报西北太平洋台风路径的统计动力学方法；4. 近五百年旱涝研究及超长期天气预报的试验；5. 水稻寒露风危害规律、长期预报和防御措施的研究；6. 用正压原始方程预报西北太平洋热带气旋路径。

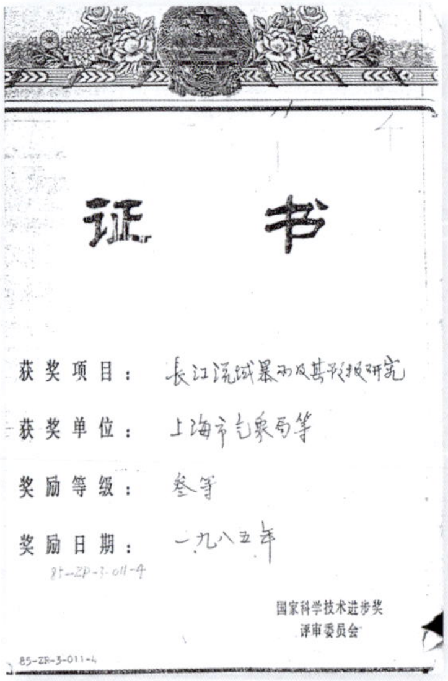

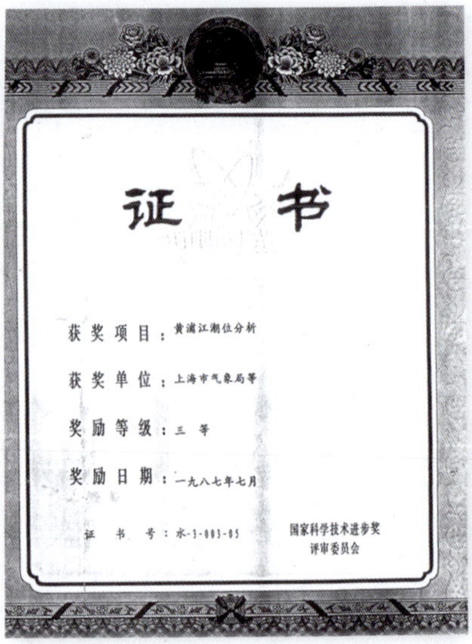

1 | 2 | 3

1. 1978 年，上海市气象局 6 项科研成果获全国科学大会奖

2. 1985 年，上海市气象局“长江流域暴雨及其预报研究”项目获得国家科学技术进步奖三等奖

3. 1987 年 7 月，上海市气象局“黄浦江潮位分析”项目获得国家科学技术进步奖三等奖

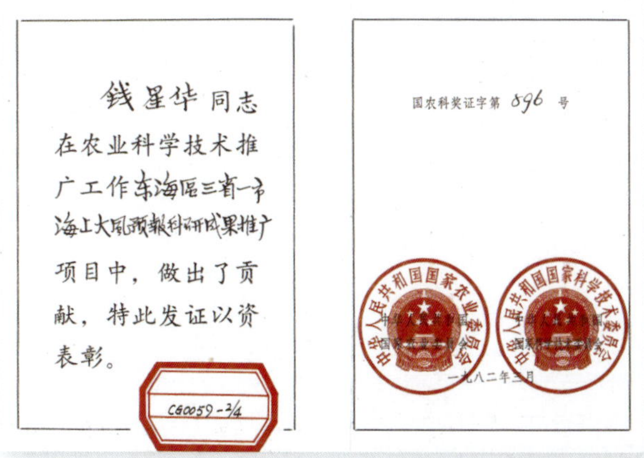
钱星华同志

在农业科学技术推广工作东海区三省一市海上大风预报科研成果推广项目中，做出了贡献，特此发证以资表彰。

CG0059-2/4

国农科奖证字第 896 号

一九八二年三月

1982 年 3 月，钱星华同志在农业科学技术推广工作“东海区三省一市海上大风预报科研成果推广”项目中，做出贡献，获得国家农业委员会和国家科学技术委员会发证表彰

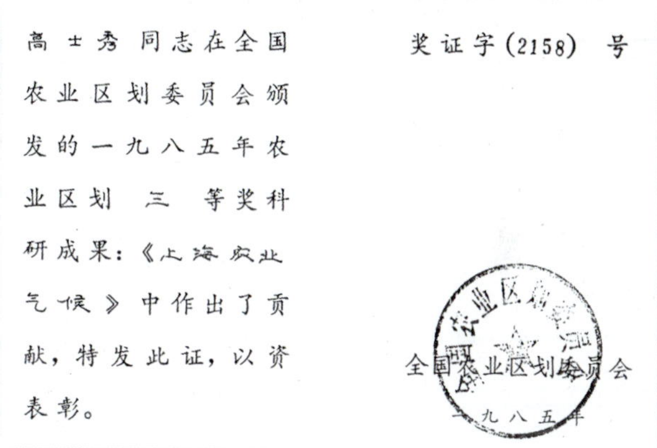
高士秀同志在全国农业区划委员会颁发的一九八五年农业区划三等奖科研成果：《上海农业气候》中作出了贡献，特发此证，以资表彰。

奖证字（2158）号

全国农业区划委员会

一九八五年

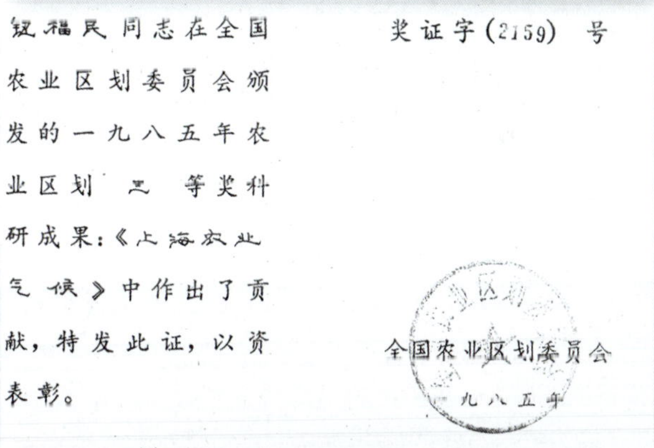
钮福民同志在全国农业区划委员会颁发的一九八五年农业区划三等奖科研成果：《上海农业气候》中作出了贡献，特发此证，以资表彰。

奖证字（2159）号

全国农业区划委员会

一九八五年

1985 年，高士秀、钮福民同志参加的《上海农业气候》获得全国农业区划科研成果二等奖

上海市宝山气象站　申如磊　李汉禄　等

“天气云图”被评为一九八〇年度中央气象局气象科学技术研究成果三等奖，奖金捌佰元，以资鼓励。

中央气象局

一九八一年二月二十四日

1980 年，宝山县气象站的科研项目“天气云图”被中央气象局授予“气象科学技术研究成果三等奖”

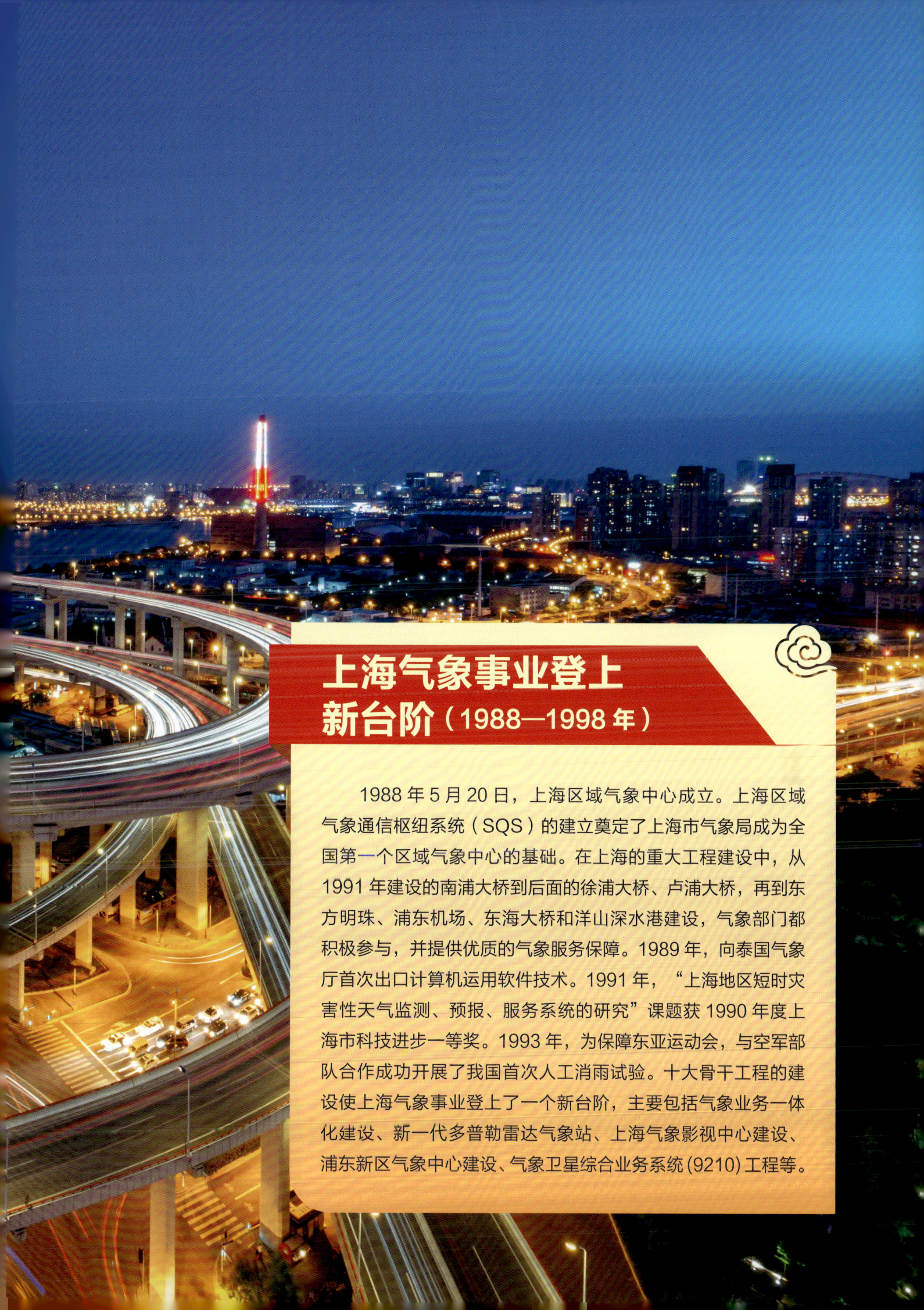

上海气象事业登上新台阶（1988—1998 年）

1988 年 5 月 20 日，上海区域气象中心成立。上海区域气象通信枢纽系统（SQS）的建立奠定了上海市气象局成为全国第一个区域气象中心的基础。在上海的重大工程建设中，从 1991 年建设的南浦大桥到后面的徐浦大桥、卢浦大桥，再到东方明珠、浦东机场、东海大桥和洋山深水港建设，气象部门都积极参与，并提供优质的气象服务保障。1989 年，向泰国气象厅首次出口计算机运用软件技术。1991 年，“上海地区短时灾害性天气监测、预报、服务系统的研究”课题获 1990 年度上海市科技进步一等奖。1993 年，为保障东亚运动会，与空军部队合作成功开展了我国首次人工消雨试验。十大骨干工程的建设使上海气象事业登上了一个新台阶，主要包括气象业务一体化建设、新一代多普勒雷达气象站、上海气象影视中心建设、浦东新区气象中心建设、气象卫星综合业务系统（9210）工程等。

1988 年 5 月 20 日，上海区域气象中心成立

1988 年 5 月 20 日，上海区域气象中心成立，上海市委副书记、上海市市长朱镕基，国家气象局局长邹竞蒙亲临揭牌仪式。

上海区域气象中心为 1988 年区域气象中心调整后，全国第一个成立的区域气象中心，区域范围包括山东、安徽、江苏、上海、浙江、江西、福建六省一市的气象部门，负责区域内气象通信枢纽和西北太平洋的气象服务，同时承担区域内气象业务指导和协调工作，确定区域的协调机构为区域局长联席会议。

SQS 系统的建立奠定了上海市气象局成为全国第一个区域气象中心的基础

1987 年 4 月，上海市气象局和美国 DEC 公司签订引进 PDP-11/44 和 VAX-11/780 计算机，正式开通上海至北京气象中心计算机同步高速电路，每秒 1.171875kb，上海气象通信业务初步建成上海区域气象通信枢纽系统（简称 SQS 系统）。

SQS 系统由区域气象通信、数值天气分析预报业务以及不间断供电系统等设备组成。

两台 PDP-11/44 计算机采取双机冷备用方式工作，24 小时不间断运转，负责区域气象通信。

数值天气分析预报业务由两台 VAX-11/780 计算机、彩色图像显示系统、打印机、绘图仪、磁盘、磁带、智能终端和初始方程有限域数值天气分析预报程序组成。

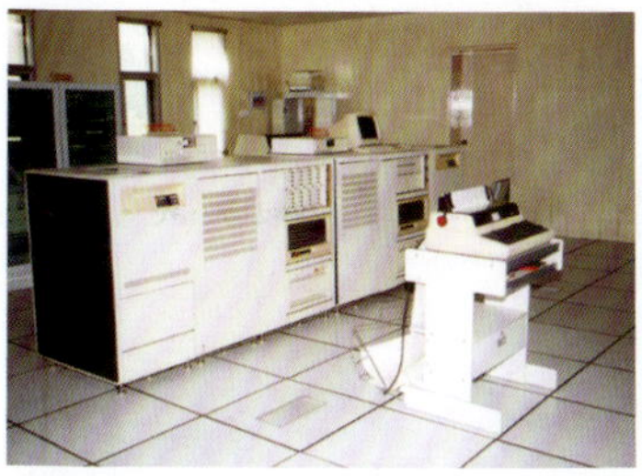

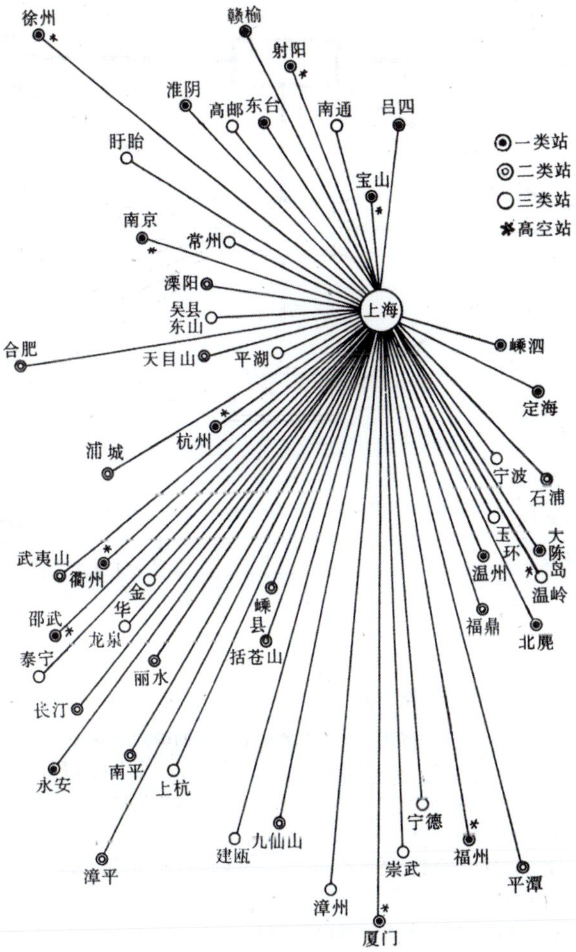

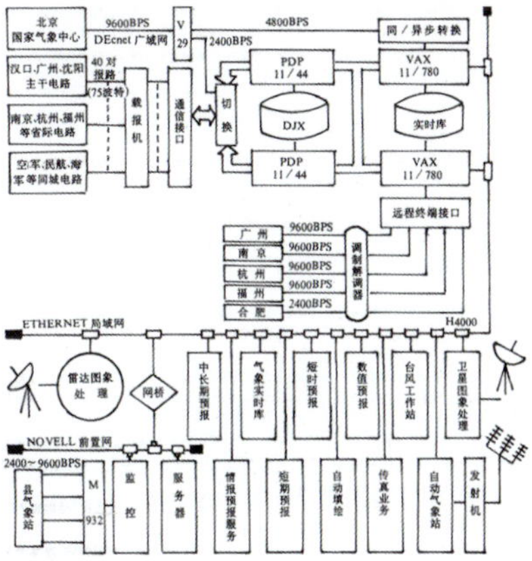

1　2　3
4　5

1. 20 世纪 90 年代， PDP-11/44 电子计算机机房

2. 20 世纪 90 年代，VAX-11/780 计算机机房

3. 20 世纪 90 年代，PDP 终端机

4. 20 世纪 90 年代，华东气象电报网示意图

5. 20 世纪 90 年代，上海区域气象通信枢纽示意图

十大骨干工程的建设
使上海气象事业登上了一个新台阶

WSR-88D 天气雷达选址和建设

1989 年初，气象大楼东侧约 150 米处新建了高层宾馆，其楼顶高出雷达天线近 20 米，水平方位遮挡角度达 37 度，形成成排的探测盲区。

▲ 1996 年的徐家汇，建国宾馆比右侧气象大楼高出近 20 米

1997 年，为更好地适应徐家汇现代化城区建设总体规划的要求，经多方选址论证，全国第一部从美国进口的 WSR-88D 天气雷达在浦东南汇落成，从此成为上海气象观测中的“顶梁柱”。

这对全国气象事业发展来说，也是一个新的起点。随后，中国气象局与美国洛克希德·马丁公司组建合资企业——北京敏视达雷达有限公司，引进了其先进的技术，生产出的新一代天气雷达，陆续更新了全国原有的雷达监测网，有力地推动了我国新一代天气雷达探测系统建设进程。这也被后人称为气象界的“桑塔纳”模式。

1 2
3

1. 组图：WSR-88D 天气雷达在南汇的“落户”过程
左上：塔的建造过程；右上：基座的吊装；中：架设球罩；左下：雷达球罩的吊装；右下：1997 年 9 月 29 日 16 时 50 分，多普勒天气雷达球罩的吊装成功

2. 组图：1997 年 9 月 20 日下午，架设球罩完成时的情景

3. 雷达全貌

气象影视中心建设

1996 年 7 月 1 日，有节目主持人的电视天气预报节目首次在上海电视台和东方电视台播出。

▲ 1996 年的《天气预报》节目

▲ 1998 年，中共上海市委副书记龚学平（前排左二）视察气象影视中心

▲ 1998 年，气象影视中心工作人员在制作节目

浦东新区气象中心建设

1990 年 4 月 18 日，党中央、国务院正式宣布开发开放浦东，把浦东推向我国改革发展、对外开放的最前沿。气象部门第一时间融入浦东新区建设。

1996 年，浦东新区气象局主楼竣工。浦东新区气象局是第一家坐落在公园内部的气象局。

▲ 1989 年时的上海浦东（上）和 2016 年时的上海浦东（下）

▲ 浦东新区气象局

上海浦东机场选址

一位曾经参与机场选址气象条件研究的上海气候中心专家回忆：一看到日本设计方给出的气象参数计算结果，上海市气象局马上提出异议——风速太小了！跑道设计只考虑了近 10 年的风速。由于受气候变化影响，上海 20 世纪 70 年代之后的风速明显变小，而这显然不能真正反映百年尺度的气候特征，会给浦东机场埋下安全隐患。

上海市气象局立即组织团队，利用徐家汇观象台百年气象资料，对上海最大可能的风向风速进行了缜密演算和外推。最终，机场设计方案根据气象部门提供的气象参数修改了跑道设计方案。

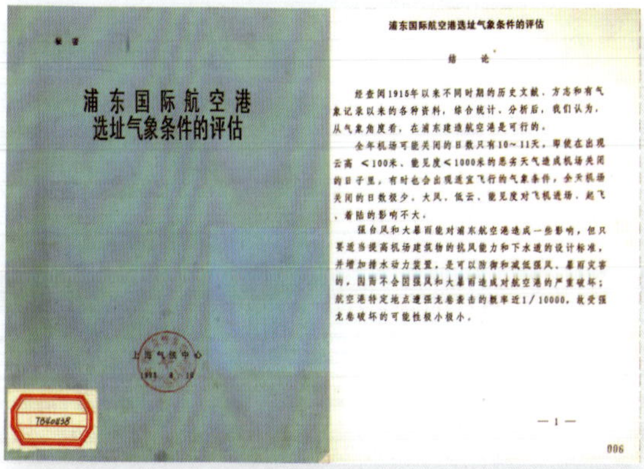

浦东国际航空港
选址气象条件的评估

浦东国际航空港选址气象条件的评估

结　论

经查阅1915年以来不同时期的历史文献、方志和有气象记录以来的各种资料，综合统计、分析后，我们认为，从气象角度看，在浦东建造航空港是可行的。

全年机场可能关闭的日数只有10～11天，即使在出现云高 <100米、能见度<1000米的恶劣天气造成机场关闭的日子里，有时也会出现适宜飞行的气象条件，全天机场关闭的日数极少。大风、低云、能见度对飞机进场、起飞、着陆的影响不大。

强台风和大暴雨能对浦东航空港造成一些影响，但只要适当提高机场建筑物的抗风能力和下水道的设计标准，并增加排水动力装置，是可以防御和减低强风、暴雨灾害的，因而不会因强风和大暴雨造成对航空港的严重破坏；航空港特定地点遭强龙卷袭击的概率近1/10000，故受强龙卷破坏的可能性极小极小。

— 1 —

006

◀ 1993 年 8 月 10 日，浦东国际航空港选址气象条件的评估报告

建成上海市雾的自动监测、预报、服务系统

上海三面环水，黄浦江纵贯市区南北，带来充沛的水汽，极有利于雾的形成。每年秋冬季节和初春时分，上海常有浓雾出现，对轮渡、民航、高速公路、高架道路等交通运输以及电力供应和市民的日常生活都带来极大的影响，大雾已成为上海市主要的气象灾害之一。上海市政府领导对此十分重视，多次指示要加强对大雾的监测预报，并将此事列入 1996 年市政府十大实事工程项目之一。

上海市雾的监测、预报、服务系统是一个综合业务系统，由监测分系统、预报分系统和服务分系统三个分系统组成。

雾的监测分系统由 16 个具有能见度、降水、风向风速、温度和湿度的自动观测站，一个中央数据采集处理工作站，一个大气廓线仪组成。

雾的预报分系统由客观预报方案和预报工作站两部分组成。客观预报方案包括成雾概率预报、雾持续时间预报、雾类预报、雾级预报和能见度预报，雾预报工作站则具备预报流程的运控、综合预报决策、工作规程查询、上海成雾气候规律查询等功能。

雾的服务分系统是一个多用户服务平台，按功能分为数据收集、数据处理及产品生成、产品库和系统监控四部分，预报人员可通过局域网访问产品库获得雾的实况或预报产品，作出雾的预报警报，通过网络、221 声讯服务、寻呼、电视、电话、传真等手段及时传送给政府部门、用户和市民，用户也可采用电话拨号方式远程访问产品库。

1999 年，项目建设基本完成。2000 年 4 月 26 日，上海市农业委员会、上海市计划委员会、上海市财政局及有关专家组成的联合验收组，对项目进行了竣工验收。这个全国建立的第一个雾的自动监测、预报、服务系统，明显提高了上海市对雾、尤其是大雾的监测预警能力，为航运、高速公路、高架道路的交通安全提供了可靠的保障，也为暴雨、高温、强对流等灾害性天气的监测、预报提供了有价值的气象观测资料。

1987 年，上海陆家嘴大雾

为洋山深水港建设提供气象服务保障

1996 年起，上海市气象局参与上海国际航运中心新港址的论证工作，并提供大、小洋山岛和周边海域的气象资料，以及在港口建设和运营过程中提供气象保障服务等。

上海要建设国际航运中心，首要条件是建设一个深水港。1995 年，要在大、小洋山岛建设深水港的设想被提出。但之前其他咨询结论都是：由于受天气影响，全年能作业的天数只有二百多天，不宜建港口。1996 年，上海市气象局专门成立深水港港址论证课题组，先在小洋山岛上的村里开始临时的气象观测，并选取 5 个海岸带气象站，3 个海岛气象站和长江口外的引水船船舶气象观测站。通过连续 5 年历史气象观测资料的分析研究和科学论证，最终结论是：估计港区全年受不利气象条件影响约 20 天，即港区全年可作业的天数约 345 天。

▲ 建站早期的洋山港观测站

▲ 现在的洋山港气象站

气象信息化建设

1998 年 10 月，9210 工程（气象卫星综合应用业务系统）卫星通信系统准业务运行。9210 工程是国家“八五”重点建设项目，工程建设涉及卫星通信、计算机、网络、数据库、图形图像处理等现代化技术。

1 2

3 4

1. 1998 年，上海气象信息传输运行系统
2. 1998 年，上海气象综合业务系统
3. 1998 年，上海气象计算机气象电报交换系统
4. 1998 年，上海气象通信线路监控系统

城市雨量监测系统

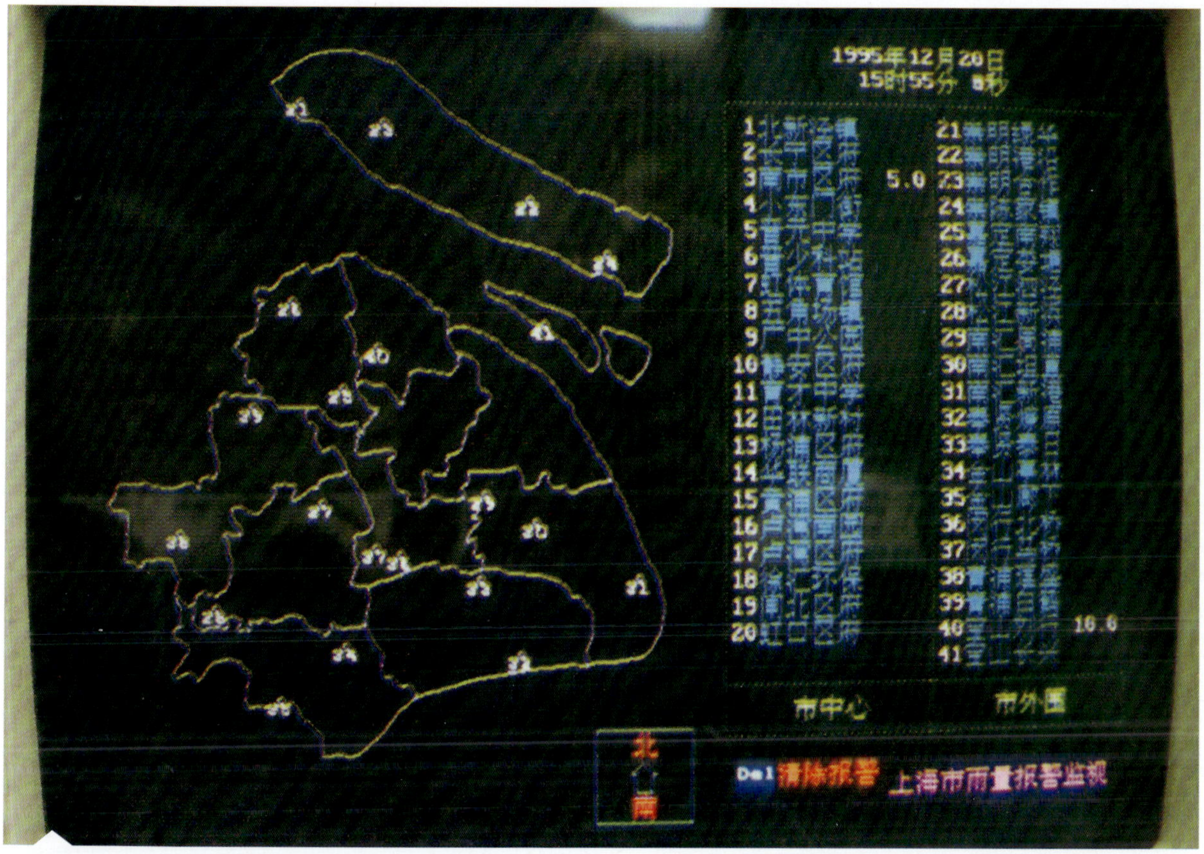

▲ 1995 年，上海市自动遥测雨量网络系统

▲ 1994 年 4 月，上海市气象局局长王雷（左图坐排右一）陪同国家气象局局长邹竞蒙（左图坐排右二，右图右三）视察气象仪器研究室并听取研究人员介绍上海自动气象站和自动雨量观测系统的研制情况

上海气象警报系统

1988 年 5 月，上海气象警报系统在市政府等 150 多个单位安装使用，同时成立“长江三角洲短时灾害性天气警报系统业务试验所”，专门实施短时天气系统的监测、预报服务的日常业务和研究。

1989 年 6 月 1 日，上海中心气象台在推广使用气象警报器的同时，在冶金、港口、粮食储运及重点航运单位建立专业气象超高频电话服务网正式投入服务。

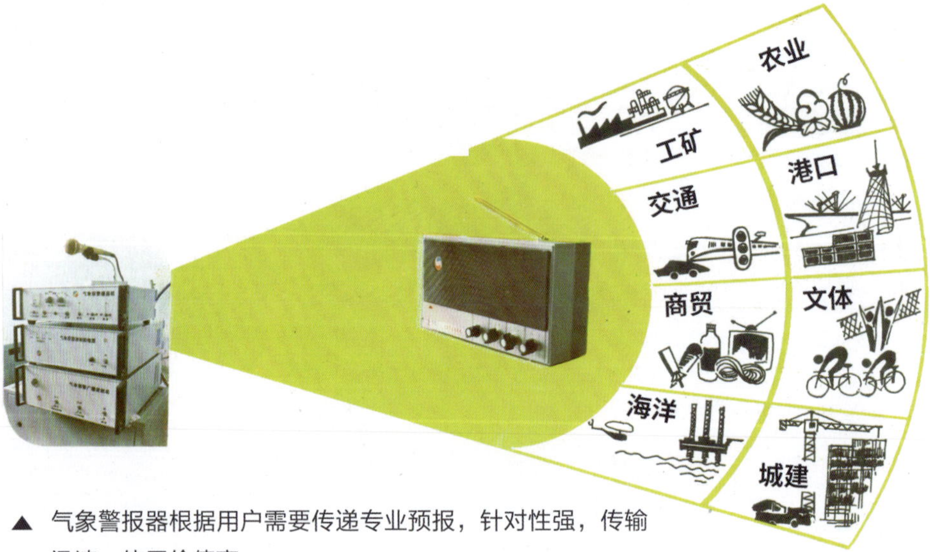

▲ 气象警报器根据用户需要传递专业预报，针对性强，传输迅速，使用价值高

1 2
3

1. 1988 年，环流公司组织生产的气象警报发射机和接收机，性能优越、质量稳定，行销全国各地气象台站

2. 20 世纪 90 年代初，位于上海中心气象台值班室的上海气象警报系统

3. 2001 年 6 月 25 日，值班室警报器最后一次播报

气象声讯服务

气象服务形式由警报器走向寻呼机时代，使气象警报的覆盖面得到极大提高。

▲ 1993 年，上海华云气象警报寻呼台开展气象信息服务

▲ 华云气象警报寻呼台工作场景

其他气象服务

1. 1993 年，上海气象部门为杨浦大桥建设现场服务

2. 20 世纪 90 年代，上海气象部门为港口作业现场服务

3. 1998 年，避雷检测

4. 20 世纪 90 年代，升空气球广告服务

5. 20 世纪 90 年代初，奉贤县气象局开展“对虾养殖与气象条件关系”试验研究，科技成果获“上海市科技兴农奖（科研类）二等奖”

1 2
3 4 5

工作掠影

1 2
3 4

1. 1988 年 10 月，气象工作者争睹“风云一号”气象卫星第一张云图彩色图像显示

2. 1991 年，气象工作者利用 714 天气雷达探测分析

3. 1994 年 8 月 21 日，上海中心气象台领导签发 9417 号台风报告

4. 1996 年 5 月，气象工作者进行科研攻关成果报告

1. 20 世纪 90 年代，崇明县气象站开启业务工作

2. 1991 年 1 月 5 日，气象业务员在金山县气象站观测场进行降雪观测

3. 1988 年竣工的上海气象宾馆

4. 1997 年，闵行区气象局召开气象防灾信息系统和电视天气制作系统验收会

5. 1996 年 6 月 28 日，青浦县气象站举行电视天气预报开播仪式

6. 1998 年 7 月 7 日，青浦县气象局举行挂牌仪式

1 2 3
4 5
6

▲ 1992 年，原上海县气象站迁站到莘浜路 555 号的建设图

▲ 1992 年 12 月，上海市副市长冯国勤（右二）、中国气象局副局长刘金英（左三）、嘉定区区长金建忠（左一）为嘉定区气象局新址落成剪彩

▲ 1995 年底，浦东新区气象中心奠基仪式

▲ 1997 年 10 月，奉贤县气象站升格为奉贤县气象局（副处级），上海市气象局、奉贤县人民政府举行奉贤县气象局成立挂牌仪式

▲ 1998 年 1 月 15 日，中国气象局局长温克刚（前排左三）、上海市气象局局长王雷（前排左四）出席浦东新区气象局挂牌

中外学术交流

▲ 1998 年，区域局长联席会议召开，提出要加强区域中心的“交流、协作、联防、示范、服务”

▲ 1991 年 9 月 23 日，上海市副市长庄晓天（右二）和国家气象局局长邹竞蒙（左二）出席世界气象组织二区协气象工作管理技术会议

▲ 1992 年 9 月 1 日，美国气象代表团由国家气象局副局长温克刚（前座右）陪同参观上海中心气象台

▲ 1995 年， 世界气象组织副秘书长雅罗（右二）在中国气象局局长邹竞蒙（右三）陪同下来沪访问

▲ 1998 年 12 月，俄罗斯国家水文气象局代表团访问我国时前往嘉定区气象局参观，中国气象局局长温克刚（二排右六）陪同。

▲ 1995 年 8 月，非洲气象代表团参观青浦县气象站

▲ 1997 年 8 月 1 日，中国气象局局长邹竞蒙（前右二）视察建设中的浦东新区气象中心

▲ 1997 年 10 月 15 日，中国气象局局长邹竞蒙（左图前左一，右图左一）视察青浦县气象站

获得的荣誉

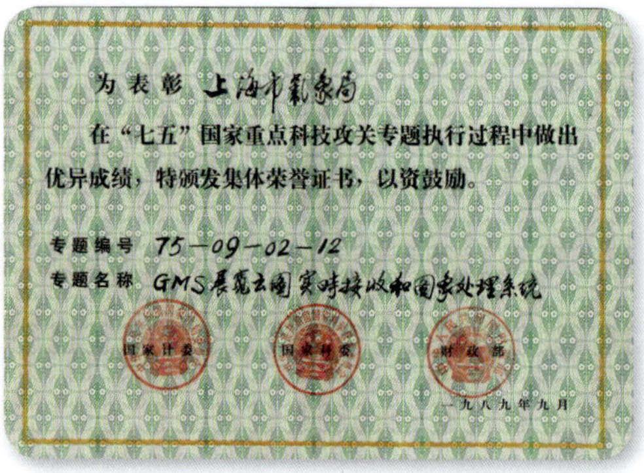
为表彰 上海市气象局
在“七五”国家重点科技攻关专题执行过程中做出优异成绩，特颁发集体荣誉证书，以资鼓励。
专题编号 75-09-02-12
专题名称 GMS展宽云图实时接收和图像处理系统
国家计委 国家科委 财政部
一九八九年九月

▲ 1989 年 9 月，上海市气象局“GMS 展宽云图实时接收和图像处理系统”在“七五”国家重点科技攻关专题执行过程中做出优异成绩，获集体荣誉证书

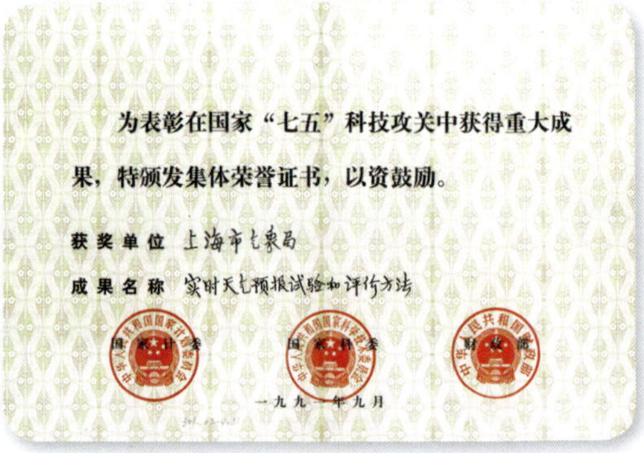
为表彰在国家“七五”科技攻关中获得重大成果，特颁发集体荣誉证书，以资鼓励。
获奖单位 上海市气象局
成果名称 实时天气预报试验和评价方法
国家计委 国家科委 财政部
一九九一年九月

▲ 1991 年 9 月，上海市气象局“实时天气预报试验和评价方法”在“七五”国家科技攻关中获得重大成果，获集体荣誉证书

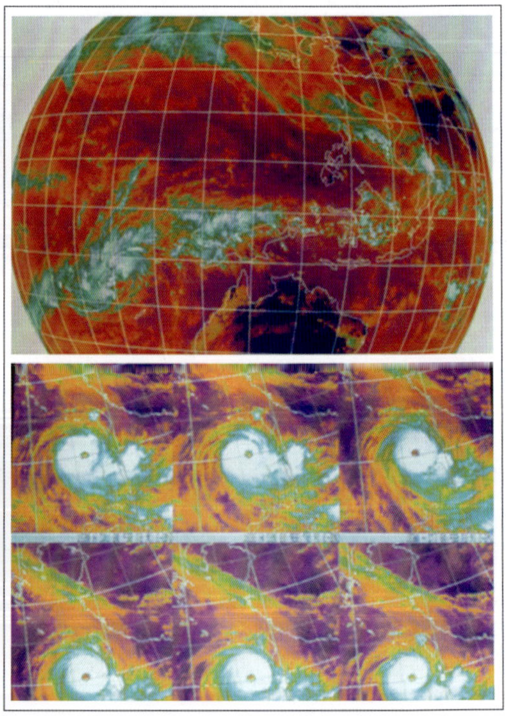

1. GMS 展宽云图实时接收和图像处理系统技术鉴定会

2. GMS 展宽云图实时接收和图像处理系统技术鉴定会新闻发布会

3. GMS 展宽云图实时接收和图像处理系统照片

何力军 同志：

从事气象工作三十年以上，为我国气象事业的发展，作出了贡献。

特此表彰

一九八八年九月

1988 年，何力军同志从事气象工作三十年以上，为我国气象事业的发展，做出了贡献，获表彰

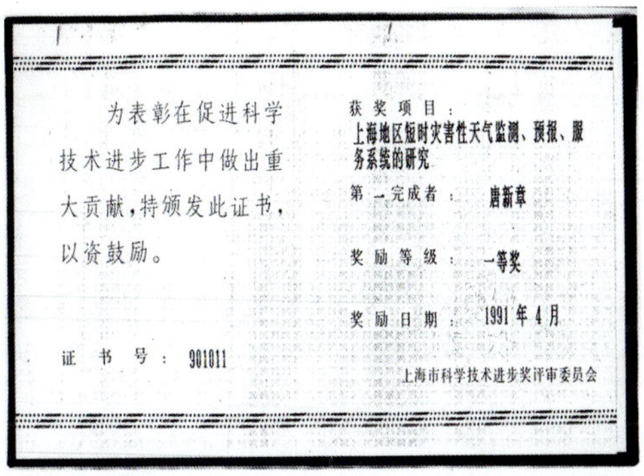
为表彰在促进科学技术进步工作中做出重大贡献，特颁发此证书，以资鼓励。

获奖项目：上海地区短时灾害性天气监测、预报、服务系统的研究

第一完成者：唐新章

奖励等级：一等奖

奖励日期：1991 年 4 月

证书号：901011

上海市科学技术进步奖评审委员会

1991 年 4 月，“上海地区短时灾害性天气监测、预报、服务系统的研究”课题获得 1990 年度上海市科学技术进步奖一等奖

为表彰在促进科学技术进步工作中做出重大贡献，特颁发此证书，以资鼓励。

奖励日期：一九九二年十一月

证书号：灾-1-001-02

获奖项目：灾害性天气监测和短时预报系统

获奖者：唐新章

奖励等级：一等

国家科学技术进步奖评审委员会

1992 年 11 月，“灾害性天气监测和短时预报系统”获得国家科学技术进步奖一等奖

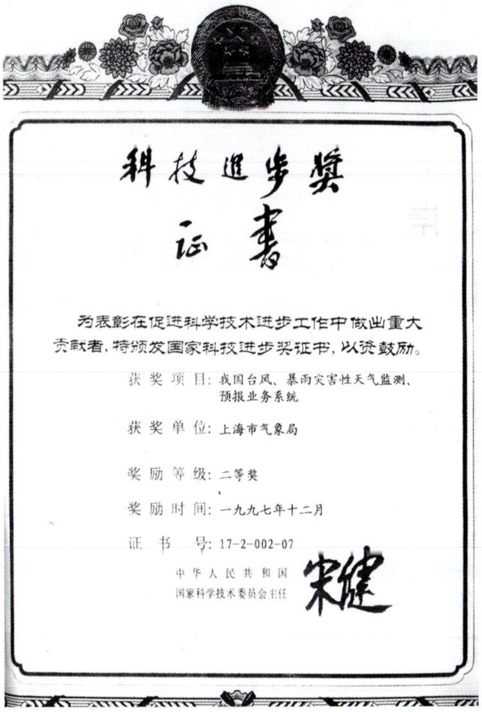
科技进步奖

证书

为表彰在促进科学技术进步工作中做出重大贡献者，特颁发国家科技进步奖证书，以资鼓励。

获奖项目：我国台风、暴雨灾害性天气监测、预报业务系统

获奖单位：上海市气象局

奖励等级：二等奖

奖励时间：一九九七年十二月

证书号：17-2-002-07

中华人民共和国国家科学技术委员会主任 宋健

1997 年 12 月，上海市气象局“我国台风、暴雨灾害性天气监测、预报业务系统”项目获得国家科技进步奖二等奖

上海气象事业全面发展
（1999—2012 年）

通过推动世博会气象服务，基本形成大城市精细化预报业务组织模式。2000 年 4 月，上海市有关部门批准了上海郊区气象现代化建设三年规划，上海气象部门与各区县政府以《上海郊区气象现代化建设三年规划（2000—2002 年）》为蓝图，以实现“三点三化”为目标，从浦东新区气象中心建设开始，进行了上海郊区 10 个区县新一轮气象现代化建设。2001 年，上海市气象局和上海超级计算中心成立了数值天气预报联合实验室，以上海市气象局数值天气预报团队为核心，实现了第六代数值天气预报系统，并在 APEC 会议期间提供 3 千米分辨率定时定量定点天气预报。2005 年 6 月，上海市政府和中国气象局签署全国首个部市合作协议。2010 年，建成现代化观测气象站网空间分辨率为 5 ~ 6 千米，时间分辨率为 1 分钟的自动气象站网。

郊区县气象“三点三化”建设

1999 年 12 月 18 日，上海市政府在嘉定区气象局召开上海郊区气象现代化建设工作会议，上海市副市长冯国勤、中国气象局副局长刘英金出席会议并讲话，会议通过了《上海郊区气象现代化建设三年规划（2000—2002 年）》。根据市领导的讲话精神，会议把对郊区气象现代化的要求归纳为“三点三化”，即气象台站要成为气象工作的基点、科学普及点、市民旅游景点；气象工作要实现：大气探测自动化、预报会商可视化、信息服务网络化。2003 年，上海郊区县气象台站全面完成“三点三化”建设。

▲ 上海市副市长冯国勤（前排左一）、中国气象局副局长刘英金（前排左二）听取上海市气象局局长盛家荣（前排右一）的汇报

▲ 上海郊区县气象台站实现“三点三化”示意图

▲ 原川沙县气象局（左）与 1997 年新建成的浦东新区气象局（右）

▲ 原宝山县气象局（左）与 2003 年新建成的宝山区气象局（右）

▲ 原上海县气象站（左）与 1993 年新建成的闵行区气象局（右）

▲ 原嘉定县气象局（左）与 1999 年建成的新嘉定区气象局（右）

▲ 原金山县气象局（左）与 1993 年新建成的金山区气象局（右）

▲ 原松江县气象局（左）与 1993 年新建成的松江县气象局（右）

▲ 原青浦县气象局（左）与 1999 年新建成的青浦区气象局（右）

▲ 原奉贤县气象局（左）与 1997 年新建成的奉贤区气象局（右）

▲ 原崇明县气象局（左）与 2003 年新建成的崇明县气象局（右）

▲ 原南汇县气象局（左）与 2001 年新建成的南汇区气象局（右）

全国首个部市合作协议

2005 年 6 月 2 日，上海市政府和中国气象局签署全国首个部市合作协议：《关于加快发展上海气象事业的合作协议》，中国气象局和上海市人民政府经研究决定，在政策、资金、项目、信息平台等方面建立长效合作机制，共同促进上海气象事业健康、快速、可持续发展，使上海气象事业在服务内容、现代化建设、科技创新、人才培养等方面达到国内一流、国际先进水平，在全国率先实现气象现代化。

上海市市长韩正、中国气象局局长秦大河出席签字仪式，上海市副市长胡延照、中国气象局副局长王守荣代表双方签署协议。

城市现代化观测体系初具规模

先进的气象观测系统

上海青浦新一代天气雷达是全国第一部采用全钢塔结构作为安装底架的雷达，高 30 米，2010 年 1 月 1 日建成。上海青浦 CINR-SA 雷达仅用短短半年时间完成了从无到有的整个建设过程，创造了国内 S 波段天气雷达建设史上的奇迹。与相距 89 千米的南汇 WSR-880 多普勒天气雷达构成双多普勒雷达观测网，有效地提升了气象部门对于上海西部上游发生发展的强对流天气过程的监测水平。

▲ 2008 年 8 月 5 日，上海气象灾害应急雷达正式投入使用，EEC 移动天气雷达车可提高预报精度，改善服务质量，促进上海特大城市气象保障能力的提升

▲ 2010 年 1 月 1 日，上海青浦 CINR-SA 雷达建成

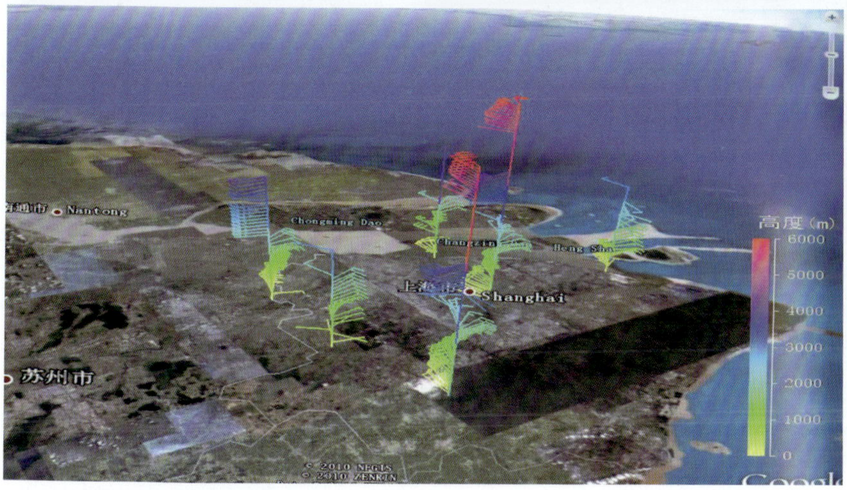

1. 2010 年建成现代化观测气象站网空间分辨率为 5 ～ 6 千米，时间分辨率为 1 分钟的自动气象站网

2. 2002 年 6 月，全国率先进行 GPS 组网并投入使用

3. 2002 年 9 月，全国第一部美国引进的用于业务的 LAP-3000 风廓线仪

4. 2012 年，开展城市边界层观测体系建设，建成梯度气象观测塔 13 座、风廓线仪 9 部

5. 2003 年 7 月 24 日，工作人员安装闪电定位仪

1 2 3
4 5

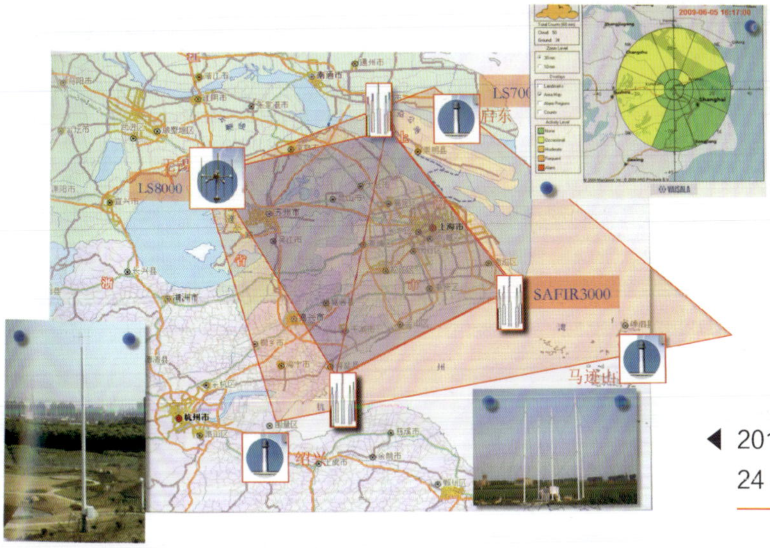

◀ 2010 年，上海建成雷电监测系统，开展 24 小时持续雷电监测

▲ 组图：2003 年，宝山县气象站 L 波段二次测风雷达正在安装中

▲ 2008 年，闵行区气象局建成极轨卫星接收系统

环境气象观测

2005 年 6 月起，上海建立了 10 个大气成分观测站，开展臭氧、酸雨、VOCs 等大气成分观测与服务。2007 年，崇明东滩大气综合观测站一期投入业务运行，填补了我国在海洋与陆地结合处大气综合观测的空白。东滩大气综合观测站位于上海市崇明区最东端东滩鸟类国家级自然保护区内，占地 600 平方米，东西长 20 米，南北长 30 米，观测平台距地面 5 米，基本不受人类活动的影响，对于研究城市群和海洋相互作用下的区域大气环境及其气候效应具有重要的科学价值。观测项目包括臭氧、氮氧化物、挥发性有机化合物等反应性气体、气溶胶、涡通量、温室气体等，自动气象站还设有太阳光度计紫外辐射仪涡动通量系统。

2006 年，浦东新区气象局成立城环中心，开展大气成分探测。

2007 年，臭氧探空观测试验首次获得上海大气臭氧垂直分布特点的真实数据。

▲ 组图：2012 年的东滩大气综合观测站

工作人员在施放大气成分探测气球

海洋气象观测

上海市先后建设洋山港、东海油气田和东海大桥 3 个海上自动气象站，并与海军共建佘山岛自动站，结合海上浮标站、海上石油平台气象观测、船舶气象观测，初步建成上海海洋气象监测网。

组图：2004 年 4 月，工作人员在引水船上进行气象观测

2004 年 4 月，引水船上的气象观测平台

2004 年 5 月 1 日，长江口南槽东海上自动气象站建成并投入使用。南槽东海上自动气象站是上海中心气象台在上海市沿海海面上建立的第一个自动站。该站的建成取代了从 1959 年 9 月以来十分艰苦的引水船人工气象观测，担当了上海市防汛防台最前沿气象观测哨的重任。

▲ 南槽东海上自动气象站

2005 年 5 月 10 日，在素有“上海第一哨”之称的佘山岛建立气象站。佘山岛位于东海、黄海以及长江口的汇合处，属上海市崇明区，是上海最东端的岛屿，岛上没有居民，有海军驻守，是上海唯一的中国领海基点所在地。

▲ 佘山岛气象站

2005 年 5 月 19 日，在鸡骨礁上布设气象站。鸡骨礁位于长江口外，由 3 个小礁石组成，大者直径 10 米，面积 100 平方米，小者直径仅 5 米，面积 25 平方米，周围暗礁较多，浪大流急。

▲ 鸡骨礁气象站

1 2
3 4

1. 2010 年投入使用的海上“大浮标”，距离海岸线 400 千米，是我国距离海岸线最远的浮标

2. 2010 年 4 月 17 日投入使用“航道浮标”（上海气象 1 号），位于洋山港主航道上

3. 2012 年 7 月 28 日投入使用“东海浮标”（上海气象 2 号）

4. 2012 年 7 月初，“上海气象 1 号”与“上海气象 2 号”对比观测

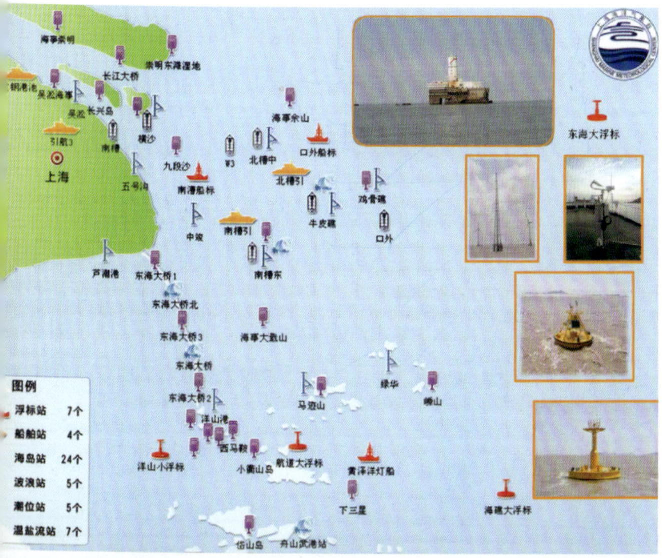

1｜2
3｜

1. 2012 年，海洋气象探测网建成，由大、小浮标站，航标灯船，海岛自动站，边界层风廓线仪，测波雷达，声学波浪和潮位观测组成

2. 2012 年，海洋气象探测网海岛自动站

3. 2012 年，海洋气象探测网边界层风廓线仪

保障洋山港建设运营

上海市气象局为洋山深水港建设可行性研究提供重要气象依据，并保障洋山深水港开港仪式圆满成功。随着港口运营的全面开展，专业气象服务保障也逐步完善。

组图：不同年份的上海市洋山港卫星影像图

▲ 组图：2005 年 12 月 10 日，洋山港开港气象服务

▲ 2006 年 3 月 23 日，小洋山气象站

▲ 组图：洋山港

基于数值模式的精细化预报飞速发展

第六代数值天气预报系统

2001 年，上海市气象局和上海超级计算中心成立了数值天气预报联合实验室，以上海市气象局数值天气预报团队为核心，实现了第六代数值天气预报系统，并在 APEC 会议期间提供 3 千米分辨率定时、定量、定点天气预报。

▲ 2001 年，数值天气预报联合实验室揭牌

▲ 2001 年，“神威 I”计算机系统机房

超级计算机网

PC-Cluster

“神威”超级计算机　“银河”超级计算机

▲ 2001 年，与上海超级计算机中心建立数值天气预报联合实验室，利用“神威”并行计算机（峰值 384Gflops）进行“上海中尺度数值天气预报系统”的运算。同时建成了由“神威”“银河”和 PC-Cluster 构成的超级计算机网，开展数值天气预报的研究和应用

▲ 2008 年投入使用的 IBM-HIPC-P575 超级计算机系统，计算能力达每秒 4 万亿次

基本形成大城市精细化预报业务组织模式

以高影响天气为坐标，建立以短时、临近预报为核心的长期、中期、短时、临近一体化预报业务；以高关注度区域为坐标建立多层的精细化预报；以高敏感度用户需求为坐标，建立交通气象、人体健康、环境气象等天气影响预报体系。

1
2
3

1. 1998 年 6 月，上海中心气象台在全国率先建立首席预报员制度，首批任命 3 位首席预报员

2. 1998 年，第一批首席预报员姚祖庆（左图）、戴新甫（中图）与张家澄（右图前排右二）

3. 2016 年的首席预报员

世博会气象服务

世博会“六个一”综合服务

“一馆”，世界气象馆。这里不仅有气象科学知识的展示，还有气象预报服务零距离的接触，参展中有服务，服务中有展示。

“一台”，世博会气象台。这是一个真实运行的世博会气象台，世博会期间曾为园区提供“专属”气象预报服务。

“一岗”，世博会运营指挥中心的气象岗。坐镇世博会园区的“心脏”，气象首席和助理每天都在这里进行全方位的、最及时、最权威的指挥和服务。

“一塔”，世博会气象信号塔。165 米高的世博会气象信号预警塔是世博会园区一道亮丽的风景线，用灯光来实现天气预报提示和灯光预警提醒。

▲ “一馆”，世界气象馆

▲ “一台”，世博会气象台

▲ “一岗”，世博会运营指挥中心的气象岗

▲ “一塔”，世博会气象信号塔

“一站”，世博会气象站。它集成了激光云高仪、全天空成像仪、微波辐射计等多种先进气象探测仪器，对世博会园区及周边进行全方位的监测，为世博会气象预报服务和气象保障提供精准实时的气象资料。

“一哨”，世博会气象哨。通过矗立在气象馆旁边的气象哨，预报人员将对世博会园区的气温、风速、风向实况等进行定时的收集、记录和分析整理。它也是学生的科普基地。

▲ “一站”，世博会气象站

▲ “一哨”，世博会气象哨

2010 年 4 月 30 日，世博会开幕式气象保障

组图：2010 年 4 月 30 日，世博会开幕式预报会商

2010 年 4 月 30 日，世博会开幕式时，气象应急保障车在现场提供服务

世界气象馆建设

建馆历程

2009 年 6 月

2009 年 8 月

2009 年 9 月

2010 年 4 月

2010 年 4 月

馆内部分展厅

小球大世界

气候变化长廊之气候变化曲线图

4D 影院

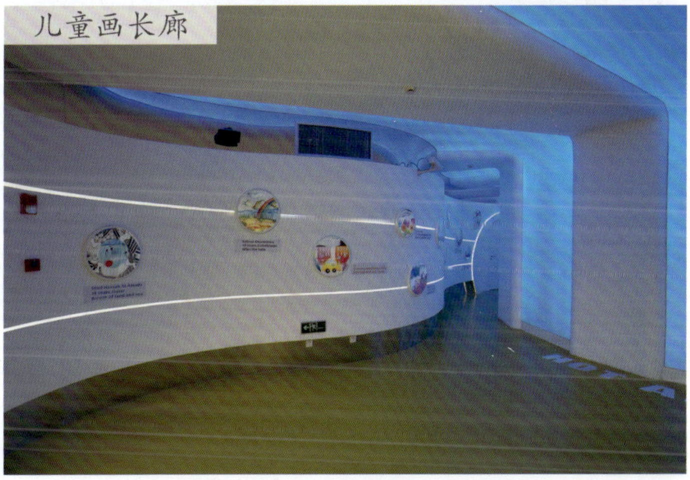
儿童画长廊

世界气象馆主题活动

▲ 2010 年 10 月 30 日，世界气象馆获“上海世博会评委会特别奖”，上海市常务副市长、上海世博会执委会常务副主任杨雄（左）为上海世博会世界气象组织展区总代表、中国气象局副局长许小峰（右）颁奖

▲ 2011 年 5 月，在第 16 届世界气象大会上，中国气象局局长郑国光（右）向世界气象大会主席别德里茨基（左）转交上海世博会评委会特别奖奖杯

▲ 2010 年 10 月 30 日，世界气象组织秘书长雅罗（左二）陪同联合国秘书长潘基文（右二）参观世界气象馆

▲ 2010 年 5 月 1 日，世界气象馆开馆仪式

▲ 2010 年 5 月 9 日，世界气象馆荣誉日

▲ 世界气象馆荣誉日升旗仪式

▲ 世界气象组织秘书长雅罗（第二排右九）、中国气象局局长郑国光（第二排右八）与荣誉日世界气象主持人专场秀的主持人合影

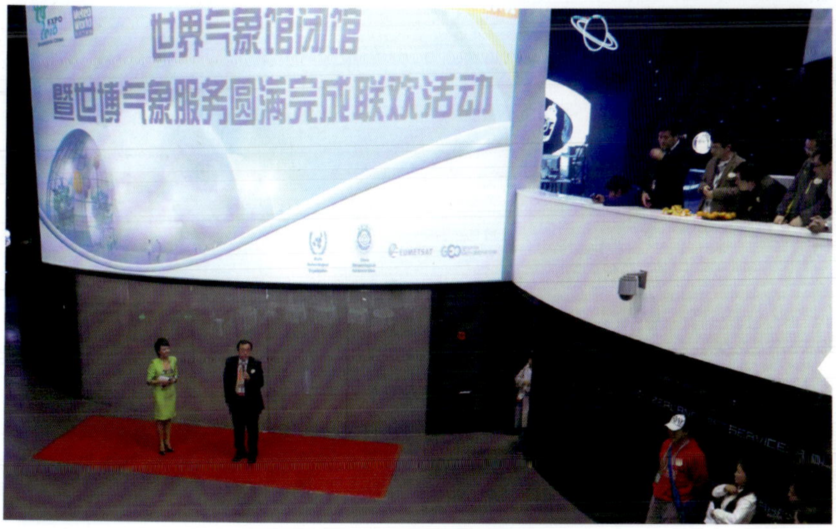

◀ 2010 年 10 月 31 日，上海市气象局局长汤绪（右）参加世界气象馆闭馆暨世博气象服务圆满完成联欢活动

移动气象车助力现场气象服务

2003 年 3 月，上海市气象局装备第一辆移动气象车，从此现场服务有了新手段。

▲ 2004 年 8 月 12 日，上海市迎战 14 号台风“云娜”，追风车前往浦东芦潮港世纪塘进行野外观测

▲ 组图：2004 年 8 月 28 日，上海市气象局为第七届大学生运动会开幕式提供气象保障

组图：2005 年 4 月 30 日，上海市气象局为第 48 届世界乒乓球锦标赛开幕式提供气象服务

重大灾害性天气和重大活动服务保障

防范 2002 年 5 号台风“威马逊”气象服务

2002 年 5 号台风“威马逊”影响上海，上海中心气象台预报员们在实时关注台风的最新动向、会商分析未来的影响。

组图：2002 年 7 月 4 日，市政府副秘书长吴念祖来到中心气象台了解台风的最新动向

2002 年 9 月 26 日，卢浦大桥合龙气象服务

▲ 组图：2002 年 9 月 26 日，上海气象部门为卢浦大桥合龙提供气象服务

2005 年 4 月 7 日，东海大桥合龙气象服务

▲ 组图：2005 年 4 月 7 日，上海气象部门为东海大桥合龙提供气象服务

2005 年 7 月 5 日，东海搜救演习气象服务

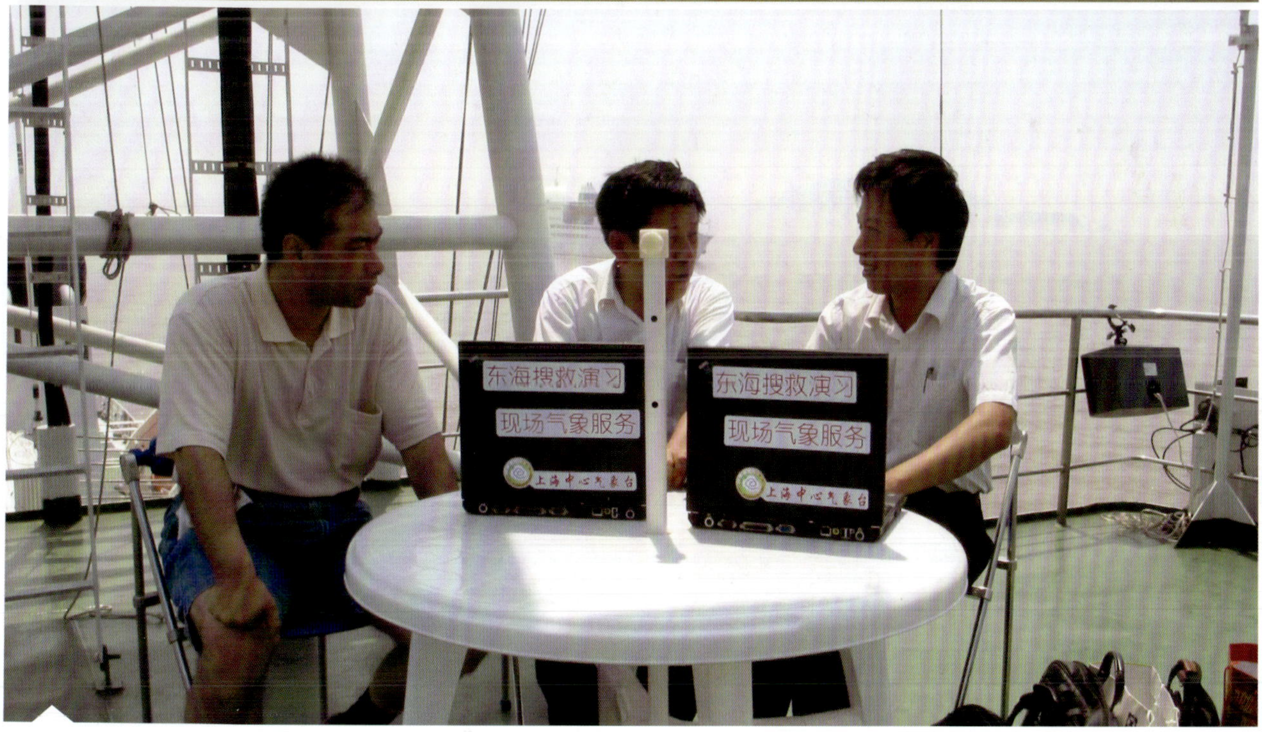

▲ 组图：2005 年 7 月 5 日，上海气象部门为东海搜救演习提供现场气象服务

2005 年 8 月，防范台风“麦莎”气象服务

▲ 组图：2005 年 8 月 5 日傍晚至 7 日凌晨，台风“麦莎”影响上海。气象部门严密监测，准确服务，受到市政府的高度评价

2006 年 6 月，第六次上合组织峰会开幕式气象服务

▲ 组图：2006 年 6 月 14 日，上海气象部门为第六次上合组织峰会开幕式在现场提供气象服务

2007 年 8 月，上海世界特殊奥运会气象服务

▲ 2007 年 8 月 26 日，上海世界特殊奥运会气象服务动员电视电话会议

▲ 2007 年 8 月，中国气象局局长郑国光（右一）看望上海世界特殊奥运会气象服务人员

▲ 2007 年 8 月 26 日，上海市气象局特奥志愿者宣誓

▲ 上海市气象局特奥志愿者参加迎圣火和起跑仪式

气象服务“三农”

▲ 2011—2013 年，依托中央财政“三农”气象服务专项，上海建立了首个万亩小麦丰产气象服务示范基地，平均每亩增产 12% 以上

降雪观测服务

▲ 2004 年 12 月 31 日，观测员在金山气象站进行降雪观测

▲ 2008 年 1 月 29 日，上海遭遇历史罕见的低温雨雪冰冻天气，奉贤区气象观测人员在测量雪深和雪量，为抗击低温雨雪冰冻天气灾害提供决策依据

▲ 2011 年 1 月，闵行区气象局观测员进行积雪观测

合作与交流

1 2
3
4

1. 2002 年 5 月 27 日，上海中心气象台与中国移动签约

2. 2005 年 2 月 25 日，上海市气象局与中国气象科学研究院举行建立研究型业务合作协议签约仪式

3. 组图：2005 年 6 月 1 日，国家卫星气象中心和上海市气象局举行共建“国家卫星气象中心海洋气象遥感应用试验所”暨“上海海洋气象遥感中心”签约仪式

4. 2005 年 12 月，上海市消防总队松江支队与松江区气象局举行警民共建签约仪式

1 2
3 4

1. 2005 年 6 月 29 日，松江区气象局举行松江气象回眸座谈会暨松江气象科普馆揭牌仪式

2. 2006 年 8 月 25 日，上海市气象局与美国 EEC 公司就移动雷达车项目签约，我国第一辆双偏振 X 波段天气移动雷达车随后出现

3. 2006 年 8 月 30 日，太湖流域气象中心成立

4. 2006 年 11 月 20 日，中国气象科学研究院与上海市气象局共建灾害天气国家重点实验室华东（长三角）中尺度观测与应用试验基地揭牌与签字仪式

▲ 2007 年 12 月 18 日，上海市气象局与新华社上海分社举行合作协议签约仪式

▲ 2007 年 12 月 26 日，上海市气象局与上海海事局举行合作签约仪式

▲ 2011 年 4 月，上海市气象局与崇明县人民政府在崇明会议中心举行首个局县合作协议签约仪式

▲ 2011 年 6 月 8 日，上海市气象局与松江区人民政府签订局区合作协议

▲ 2011 年 8 月 30 日，浦东新区人民政府与上海市气象局签订合作协议

▲ 2000 年 11 月 25 日，浦东气象科普馆落成

▲ 2004 年 6 月 16 日，中国气象局原局长、全国政协人口资源环境委员会副主任温克刚为国家防雷产品测试中心揭牌

▲ 组图：2004 年 6 月 16 日，国家防雷产品测试中心在上海九亭落成

重要学术和业务会议

1 2
3

1. 1999 年 7 月，江浙皖沪三省一市专家参加由上海自行研制的第一个自动气象站的演示审定会

2. 2004 年 6 月 1 日，上海市防汛工作会议召开

3. 2004 年 8 月 3 日，“7 · 12”强对流天气过程技术研讨会召开

1 2
3 4
5

1. 2004 年 8 月 12 日，上海市迎战 14 号台风“云娜”工作会议召开

2. 2005 年 10 月 17 日，中国气象局上海台风研究所第一届理事会第一次会议召开

3. 2005 年 11 月 21 日，第七届全国气象科技中心（专业台）主任（台长）联席会议召开

4. 2006 年 9 月 26 日，上海区域气象中心科学指导委员会成立大会召开

5. 2006 年 11 月 7 日，长江三角洲气候环境变化国际研讨会召开

1 2

3

4

5

1. 2007 年 3 月，中国气象局上海区域气象中心工作会议召开，深化了“合作、创新、共赢、和谐”的区域气象发展理念

2. 2008 年 11 月 24 日，上海世博会临近预报服务示范项目第一次科学指导工作组会议召开

3. 2010 年 1 月 22 日，上海市气象工作会议暨世博气象保障誓师大会召开

4. 2010 年 6 月 14 日，华中区域气象中心世博气象服务观摩团到上海参观指导

5. 2011 年 1 月 24 日，世博气象工作总结表彰大会暨 2011 年度上海市气象工作会议召开

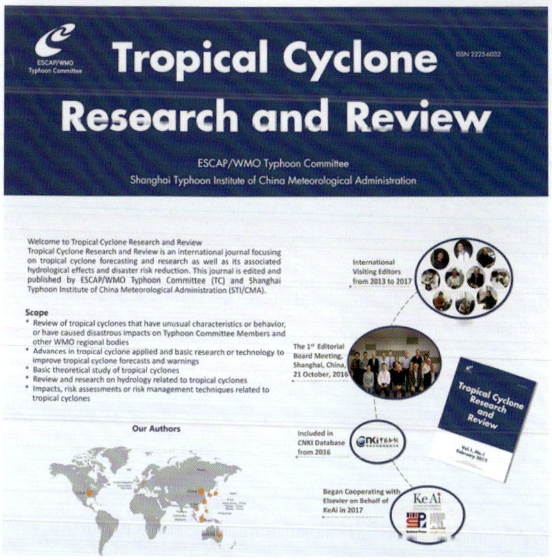

1
2 3
4

1. 2012 年 10 月 29 日，第一届华东区域卫星遥感应用研讨会召开

2. 2006 年度金山区气象局防雷减灾工作会议召开

3. 2010 年 9 月 5 日，上海市气象局召开海峡两岸气象科学技术研讨会

4. 2012 年 2 月，上海台风研究所创办亚太台风委员会的台风专业英文学术期刊——*Tropical Cyclone Research and Review*（热带气旋研究与评论）

国际交流

1999 年，WMO 主席、澳大利亚气象局局长齐尔曼博士（左四）访问上海市气象局

2000 年 9 月 16 日，中国气象局局长温克刚（右一）陪同世界气象组织秘书长奥巴西教授（左一）来嘉定区气象局访问

2004 年 7 月 21 日，中国气象局副局长郑国光（前排左二）陪同美国国家海洋大气局（NOAA）助理局长约翰逊（前排左三）参观调研上海市气象局

1
2　3
4

1. 2004 年 9 月 5 日，南美访华团参观上海市气象局，中国气象局副局长郑国光(右四)、上海市气象局局长盛家荣（右三）陪同

2—4. 2004 年 11 月 16 日，台风委员会第三十七次届会在上海召开，中国气象局局长、中国科学院院士秦大河（图 2 左一）、上海市副市长胡延照（图 2 右三）、中国气象局副局长许小峰（图 2 左二）出席

▲ 2005 年 4 月 18 日，集合预报系统培训班开班

▲ 2005 年 4 月 24 日，热带气旋警报区域研讨会召开

▲ 组图：2005 年 5 月 11 日，中国气象局、中国澳门地球物理气象局、葡萄牙气象局第三次气象技术会议召开

▲ 2005 年 9 月 19 日，东亚气候环境学术研讨会召开

▲ 2005 年 10 月 16 日，世界气象组织多国别考察团参观上海市气象局

▲ 组图：2006 年 10 月 19 日，美国天气局副局长参观上海市气象局

▲ 组图：2007 年 2 月 5 日，世界气象组织上海城市气象和环境研究示范项目启动暨科学讨论会召开

▲ 组图：2007 年 9 月 27 日，俄罗斯代表团参观调研上海市气象局

▲ 2009 年 10 月 20 日，多国别代表参观调研上海市气象局

▲ 2010 年 3 月 20 日，中国气象局副局长矫梅燕（右一）陪同欧洲中期天气预报中心代表参观调研上海市气象局

2010 年 6 月 3 日，德国汉堡副市长参观调研上海市气象局

2012 年 2 月 7 日，韩国气象局局长参观上海市气象局

2012 年 3 月 21 日，上海市气象局承办世界银行多灾种早期预警系统培训研讨会

精神文明建设

1
2 3

1. 1999 年 10 月，上海市气象局举行国庆 50 周年文艺演出

2. 2004 年 10 月 10 日，上海气象部门召开精神文明创建工作动员大会

3. 2004 年 11 月 27 日，“上海中心气象台命名 50 周年纪念”活动举行，新中国成立后历任台长合影

▲ 2005 年，浦东新区气象局被评为 2003—2004 年度“上海市文明单位”

▲ 2005 年 2 月 5 日，上海市气象局举办第一届职工运动会

▲ 2007 年，上海台风研究所台风机理研究室获“巾帼文明岗”和“上海市三八红旗集体”称号

▲ 组图：2008 年 4 月 29 日，上海气象争创文明行业工作推进会举行

组图：2004 年 4 月 1 日，上海市气象局对上海气象希望小学捐赠仪式举行

1 2
3
4

1. 2006 年 7 月 19 日，上海气象希望小学师生来气象局参观座谈

2. 2006 年 5 月 16 日，上海市松江区与云南省红河州两地气象局举行文明建设对口交流合作签约仪式

3. 2010 年 4 月 28 日， 参加世博会气象服务的团员在二人会址前举行宣誓活动

4. 2010 年，上海气象希望小学师生参观世界气象馆

▲ 2011 年 1 月 1 日，上海市气象局代表队参加上海市广播体操大赛

▲ 2011 年 10 月 31 日，上海市气象局代表队参加第三届气象行业运动会获最佳优秀奖

▲ 2012 年 11 月 17 日，上海市气象局代表队参加上海市外滩广播操室外展演

▲ 2012 年 7 月，上海市气象局获得上海市政机关广播操比赛第一名

徐家汇观象台 140 周年

World Meteorological Organization
Weather · Climate · Water

WEATHER • CLIMATE • WATER

Certificate

PRESENTED TO

THE SHANGHAI METEOROLOGICAL SERVICE
OF THE CHINA METEOROLOGICAL ADMINISTRATION

ON THE OCCASION OF

THE 140TH ANNIVERSARY OF THE SHANGHAI XUJIAHUI OBSERVATORY

(SHANGHAI, 10–13 NOVEMBER 2012)

IN RECOGNITION OF

THE CONTINUOUS LONG-TERM TIME SERIES OF CLIMATOLOGICAL DATA COLLECTED FOR 140 YEARS AND THE OUTSTANDING CONTRIBUTIONS TO THE GLOBAL SYSTEMS AND PROGRAMMES OF THE WORLD METEOROLOGICAL ORGANIZATION FOR IMPROVED WEATHER, CLIMATE, HYDROLOGICAL AND RELATED ENVIRONMENTAL SERVICES FOR SOCIAL AND ECONOMIC DEVELOPMENT, DISASTER RISK REDUCTION AND PROTECTION OF LIFE AND PROPERTY, MONITORING AND SAFEGUARDING THE ENVIRONMENT, ADVANCEMENT IN THE SCIENCE OF METEOROLOGY AND HYDROLOGY, AND OF THE OVERALL COMMITMENT TO THE MISSION OF THE WORLD METEOROLOGICAL ORGANIZATION.

IN THE NAME OF THE WORLD METEOROLOGICAL ORGANIZATION

PRESENTED IN SHANGHAI ON 12 NOVEMBER 2012

M. JARRAUD
SECRETARY-GENERAL

▲ 2012 年，徐家汇观象台被世界气象组织授予“世纪气候站”称号

组图：2012 年 11 月 12 日，徐家汇观象台 140 周年暨国际世纪气候站主题展开幕式隆重举行

World Meteorological Organization
Organisation météorologique mondiale

Secrétariat
7 bis, avenue de la Paix – Case postale 2300 – CH 1211 Genève 2 – Suisse
Tél.: +41 (0) 22 730 81 11 – Fax: +41 (0) 22 730 81 81
wmo@wmo.int – www.wmo.int

TEMPS • CLIMAT • EAU
WEATHER • CLIMATE • WATER

Congratulations on the 140th Anniversary of
Shanghai Xujiahui Observatory

Xujiahui Observatory has a special place in the history of meteorology. Observations started here at the very same time the first international coalition of meteorologists, the IMO was taking shape.

The records of 140 years of continuous observations, measurements and services make the achievements of the Xujahui Observatory unique and of the greatest scientific value to the world's meteorological and climatological community.

My best wishes go out to the CMA as well as SMS and best of luck during the next 140 years.

(M. JARRAUD)
Secretary-General

中国共产党上海市委员会

贺 信

上海市气象局：

欣闻你们举办徐家汇观象台 140 周年纪念活动，谨表示热烈祝贺！

100 多年间，气象事业始终与我们这座城市的发展紧密相连，积累了丰厚的历史底蕴和文化内涵。特别是改革开放以来，上海气象事业发展更加迅速，创新能力和服务水平显著提高，灾害预报预警能力不断增强，在促进经济社会发展、确保城市运行安全、提高人民生活质量等方面发挥了不可替代的重要作用。

气象工作服务社会，造福人民。希望上海气象局在新的起点上，坚持公共气象的发展方向，不断提高气象预报准确性和灾害预警实时性，不断提高城市应对气候变化和低碳可持续发展能力，为国家气象现代化建设和上海创新驱动、转型发展作出更大贡献！

俞正声
2012 年 11 月 6 日

1 2
3

1. 徐家汇观象台 140 周年世界气象组织秘书长雅罗的贺信

2. 徐家汇观象台 140 周年上海市委书记俞正声的贺信

3. 徐家汇观象台 140 周年上海市市长韩正的贺信

上 海 市 人 民 政 府
SHANGHAI MUNICIPAL PEOPLE'S GOVERNMENT

值此徐家汇观象台成立 140 周年之际，谨致以热烈祝贺！

上海气象事业有着深厚历史积淀。徐家汇观象台是国内较早建立且连续观测时间最长的气象机构，自 1872 年建台以来，一直发挥着重要作用，是中国近代气象历史的见证。长期以来，上海气象人秉承尊重科学、服务社会、造福人民的优良传统，奋发努力，不懈探索，为保障经济社会发展、改善群众生活作出了积极贡献。

气象事业是关系国计民生的公益事业。希望广大气象工作者牢记使命，进一步增强责任感、紧迫感，以率先实现气象现代化为目标，不断提高预测预报能力和服务水平，为上海加快推进“四个率先”、建设“四个中心”和现代化国际大都市，作出新的更大贡献！

上海市市长 韩正

二〇一二年十一月

上海市人民大道 200 号 邮编：200003 电话：86 21 63212810 传真：86 21 63216537
200 RENMIN AVENUE, SHANGHAI 200003, CHINA TEL: 86 21 63212810 FAX: 86 21 63216537

领导关怀

▲ 2003 年 5 月 20 日，上海市副市长杨雄（前排右二）参观调研上海中心气象台

▲ 2003 年 11 月，中国气象局副局长许小峰（后排右五）到松江气象局指导工作

▲ 2003 年 10 月 16 日，上海市副市长唐登杰（前排右三）视察上海中心气象台

1
2 3
4
5

1. 组图：2003 年 11 月 27 日，中国气象局副局长许小峰（右图前排右三）、上海市副市长唐登杰（右图前排右二）参加上海郊区气象现代化建设总结会并参观宝山区气象局

2. 2004 年 7 月 20 日，上海市政协副主席、上海市红十字会会长谢丽娟（左二）参观上海气象影视中心

3. 2004 年 7 月 23 日，上海市副市长胡延照（前排左三）视察上海中心气象台

4. 2006 年 10 月 20 日，中国气象局局长秦大河院士（左二），副局长许小峰（左一）、沈晓农（右三）视察上海市气象局

5. 2008 年，中国气象局原局长温克刚（右二）参观松江区气象局

2002 年 12 月，奉贤区气象局在郊区首个完成“三点三化”气象现代化建设任务，上海市气象局、奉贤区人民政府领导指导奉贤区“三点三化”气象现代化项目建设

2008 年 11 月 6 日，中国气象局副局长矫梅燕（中）出席气象灾害防御多部门联动座谈会

2009 年 5 月，中国气象局局长郑国光（前排左一）一行在宝山区委书记吕民元（右二）的陪同下视察宝山区气象局

2009 年 8 月 27 日，崇明县委书记彭沉雷（左一）视察崇明气象工作

2010 年 2 月 25 日，上海市副市长沈晓明（左三）视察气象工作

2011 年 8 月 4 日，上海市副市长沈骏（左二）参加上海市恶劣天气预测和应对准备工作汇报会

GOLDEN TULIP

上海气象现代化蓬勃发展（2013—2019年）

上海在全国率先实现气象现代化。2016年4月，上海市政府与中国气象局在沪联合召开上海率先实现气象现代化总结暨“十三五”发展启动会。上海市政府发展研究中心对上海气象现代化工作开展了第三方评估，评估得分95.5分。

上海市气象局在开展智慧气象保障城市精细化管理工作中，开展气象与城市治理大数据分析预测模型技术研究，建立推进基于影响气象的城市风险管理模式。成立首个省级突发事件预警信息发布中心，保障城市安全。自2017年3月1日起，《上海市气象灾害防御办法》正式在沪施行，对全市气象灾害防御工作进行了制度设计和上位法细化。2018年，组建长江经济带数值预报联盟，促进区域数值预报众创和共享应用。搭建长三角环境气象工作联动平台。实施秋冬季区域人工增雨改善空气质量试验。2019年，落实长三角一体化发展国家战略，编制《长江三角洲区域一体化发展气象保障规划》，引领全国新一轮气象现代化建设。

上海气象业务科技楼投入使用

2012 年，上海气象业务科技楼投入使用，建立了以天气预报工作区、公共气象服务区和气象信息工作区组成的一体化业务平台。

▲ 2011 年 12 月 26 日，上海气象综合业务大楼基建竣工

2012 年，气象业务科技楼（上海气象综合业务大楼）投入使用 ▶

▲ 组图：气象业务科技楼一体化业务平台

▲ 组图：2015 年 12 月 24 日，上海市气象局一体化业务平台通过 ISO9001:2008 质量管理体系认证

上海在全国率先实现气象现代化

2012 年，中国气象局、上海市人民政府共同印发《关于加快推进上海率先实现气象现代化的实施意见》（沪府发〔2012〕54 号），明确提出 2016 年上海在全国率先实现气象现代化的目标。

▲ 2016 年 4 月 8 日，上海率先实现气象现代化总结暨“十三五”发展启动会议召开

2016 年 4 月 8 日，上海市政府与中国气象局联合召开上海率先实现气象现代化总结暨“十三五”发展启动会。上海市政府发展研究中心组织各方专家对上海气象现代化工作开展第三方评估，评估得分 95.5 分。从评估结果看，上海把气象现代化与建设具有全球影响力的科技创新中心、“四个中心”（国际经济、金融、贸易、航运中心）和现代化国际大都市紧密结合，突出“上海风格、中国气派、世界水平、科技引领”，总体上成效十分明显。上海在全国率先建成结构完善、布局科学、功能先进、技术领先的气象现代化体系，在地面气象观测网和天气雷达等部分观测能力、常规天气预报准确率和气象要素预报精细化程度、城市气象防灾减灾和部门联动体制机制、台风路径预报准确率等部分领域已接近或达到国际先进水平。

类别	序号	指标名称	2012年现代化工作方案下发时的水平	2012年底	2013年	2014年	2015年
监测预报预警	1	灾害性天气监测率	90%	92%	100%	100%	100%
	2	城市大气体征信息获取率	70%	75%	86.6%	86.73%	88.2%
	3	今明天气晴雨预报准确率	85%	86%	89.38%	89.8%	89.75%
	4	预报信息滚动发布频率	每三小时	每小时、分区	每小时、分区	每小时、分区	每小时、分区
	5	台风影响风雨预报准确率及路径预报误差	70%110km	80%112km	80%112km	82%63km	80%小于100km
	6	强对流天气预警时效	30-40分钟	33.9分钟	33.9分钟	47.1分钟	144.3分钟
	7	区域数值预报有效时效	3天对华东区域的业务预报及应用能力国内先进	3天对华东区域的业务预报及应用能力国内先进	5天对华东区域的业务预报及应用能力国内先进	5天对华东区域的业务预报及应用能力国内先进	3天对华东区域的业务预报及应用能力国内先进
社会公共服务	8	天气信息社会覆盖面	90%	100%	100%	100%	100%
	9	基层气象灾害防御体系健全程度	75%	80.5%	83.25%	86.4%	87.5%
保障生产经济	10	气象与经济生产行业紧密度	60%	72.1%	89.23%	86%	86.92%
政府气象效能	11	气象灾害防御设施达标率	65%	72%	75%	91%	91.6%
	12	城市应对天气变化科技支撑与决策服务能力	71	71	76	78	83
人才科技创新	13	国际化人才增长比例	“十一五”增长50%	25%	55%	85%	115%
	14	气象科技进步贡献率	60%	62%	64.4%	64.4%	65.4%

▲ 上海气象现代化建设指标体系阶段性评估表

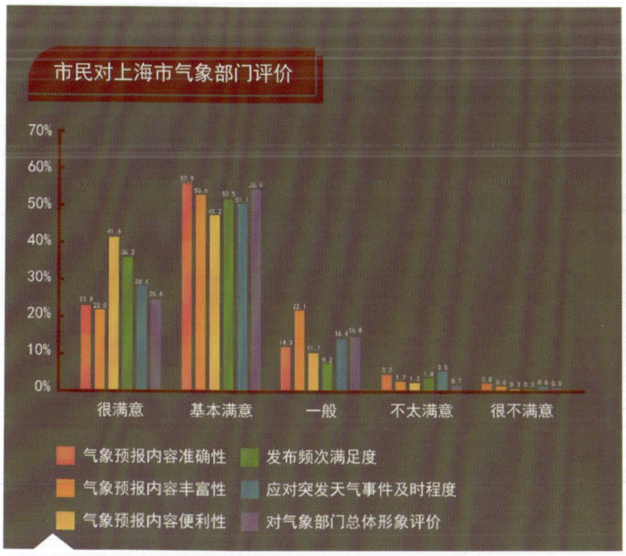

▲ 市民对上海市气象部门评价

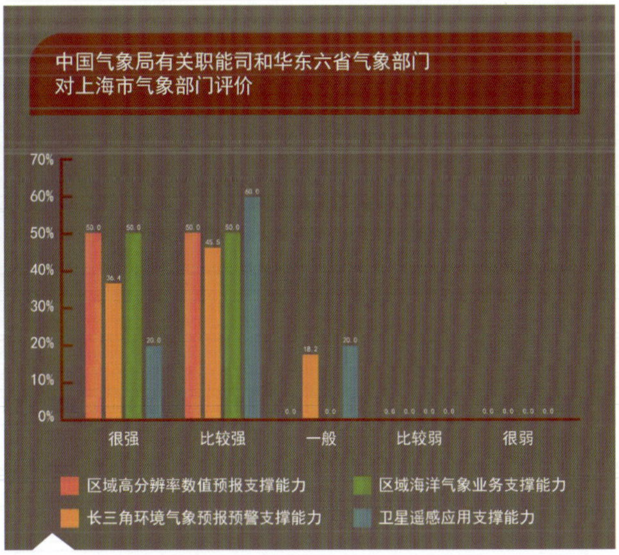

▲ 中国气象局有关职能司和华东六省气象部门对上海市气象部门评价

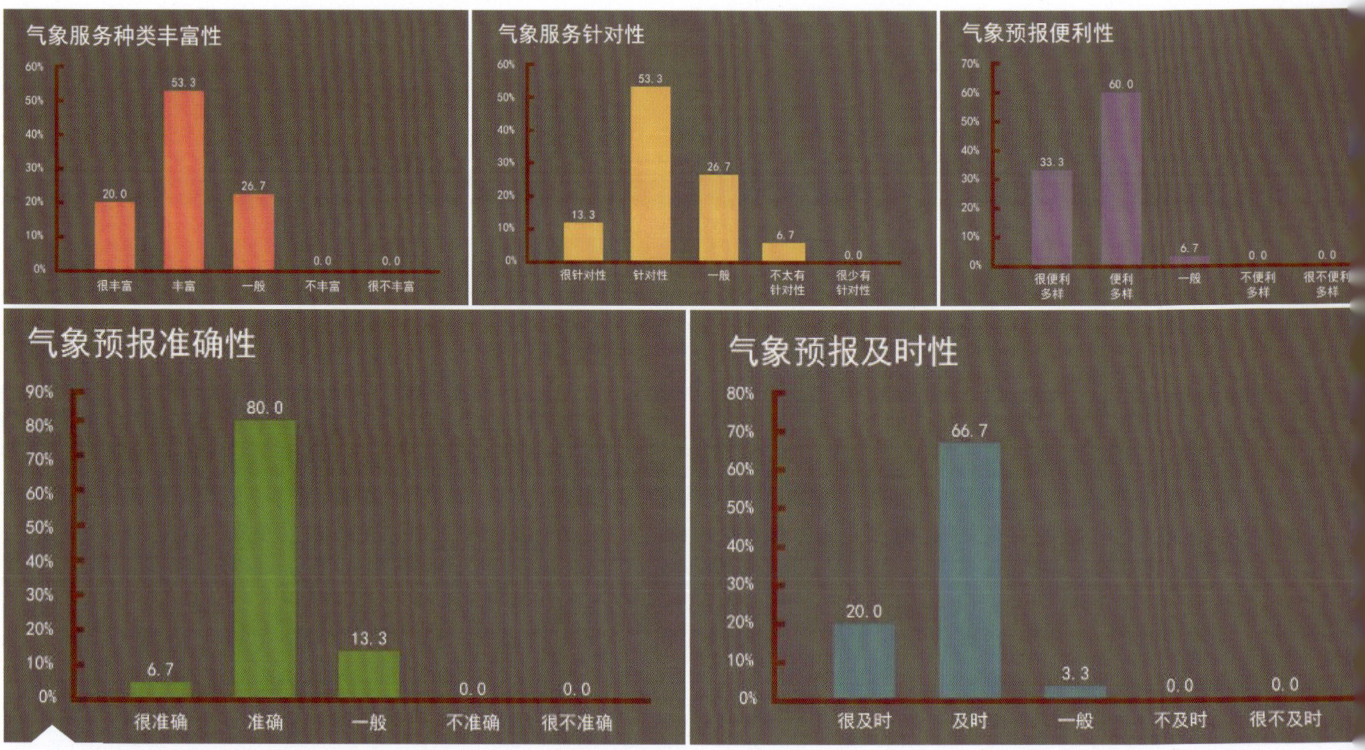

▲ 气象服务种类丰富性、气象服务针对性、气象预报便利性、气象预报准确性、气象预报及时性均获好评

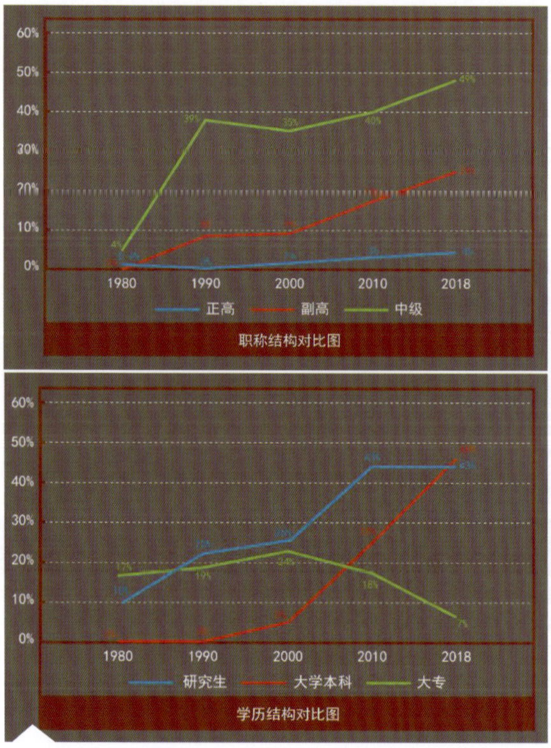

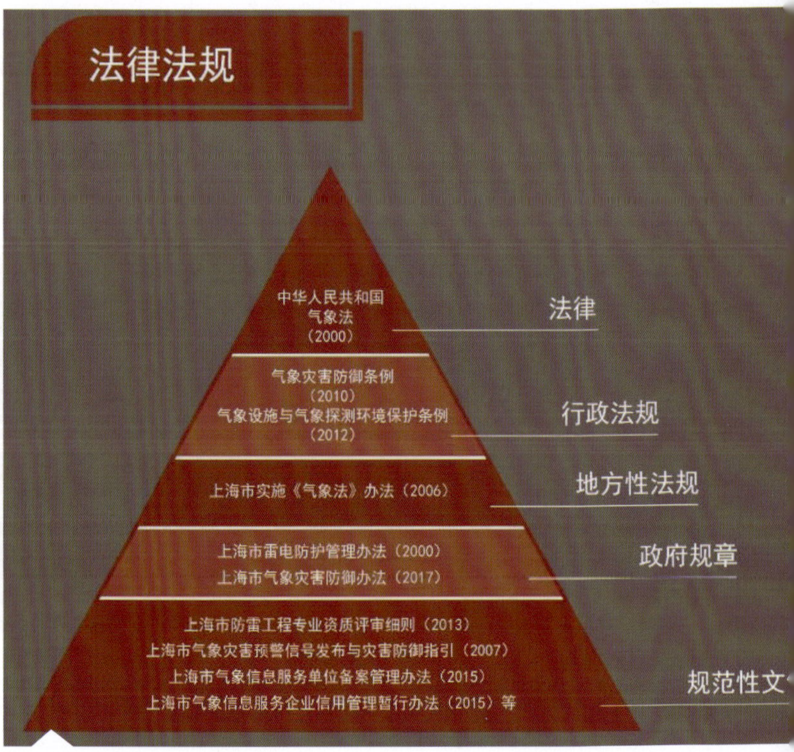

▲ 上海市气象部门职称结构对比图、学历结构对比图　▲ 法律法规建设情况

上海气象部门 19 家单位为上海市文明单位，上海中心气象台为全国文明单位，4 家区气象局为全国文明台站标兵，上海气象行业在 2015—2016 年度文明行业测评中以 96.59 分和 98.36 分获全市文明行业综合评分以及城市文明进步直属评分第一，第五次被评选为上海市文明行业。

上海市第九届文明行业考评得分汇总表

序号	行业名称	总分	材料审核	指数测评	考评会
1	气象行业	96.59	97.40	98.36	93.75
2	民政行业	95.92	96.60	95.94	95.00
3	出入境检验检疫行业	95.07	96.70	96.10	91.88
4	海关行业	94.91	96.50	94.56	93.12
5	工商行政管理行业	94.17	96.60	93.46	91.62
6	公证行业	93.97	95.90	94.38	91.00

▲ 上海市第九届文明行业考评得分汇总表

上海市人民政府令

第 51 号

《上海市气象灾害防御办法》已经 2017 年 1 月 3 日市政府第 138 次常务会议通过，现予公布，自 2017 年 3 月 1 日起施行。

市长 应勇

2017 年 1 月 23 日

◀ 2017 年 3 月 1 日起，《上海市气象灾害防御办法》正式在沪施行，合理权衡了政府与社会、组织与个人的权利义务分配，对全市气象灾害防御工作进行了制度设计和上位法细化

城市，科技进步的受益者

2018 年冬季大雪

2018 年 1 月 24—26 日，上海普遍出现大到暴雪，全市累计雨雪量在 8 ～ 19 毫米，积雪深度普遍达 5 ～ 10 厘米，为近 10 年来最强降雪天气过程。

▲ 2018 年 1 月 24—26 日上海市大雪

· 精准预报助力全市提前采取行动

决策服务早预警早联动，他们是第一个查问雨雪口令的哨兵，为全市各行各业“迎战冰雪”提供了强有力的决策支撑。双偏振升级雷达增强了降水相态的识别能力，全市布设的天气实景观测系统辅助可提供降雪强度和积雪观测实况，各台站称重式降水传感器实现了分钟级、全天候的雨雪量观测。

▲ 组图：2018 年 1 月 25 日，金山区气象局保障观测设备在大雪天正常运行（左上），1 月 26 日上海中心气象台决策服务科实时关注最新天气情况（左下），松江区气象局工作人员大雪天观测（右上、右下）

• 创新服务让市民知雪懂防灾

依托市预警发布中心，气象部门与住建部门联合向全市 4000 多个在建工地发布了预警信息和安全防范提示。2018 年 1 月 25 日下午，气象服务人员首次在外滩和金茂大厦等地开展网络直播，“秀”出上海降雪美景的同时，为公众实时解析低温雨雪天气，吸引了 12.6 万人次观看。同时通过上海中心大厦塔冠巨幅显示屏，每日发布雨雪天气预报信息。

▲ 组图：2018 年 1 月 24—26 日大雪期间，上海市天气微博服务（左上）、上海天气微信服务（中上）、上海市天气网站（右上）、上海市气象部门电话服务（左下）、电视服务（右下）齐头并进

2018 年 1 月 27 日，上海“12345”市民服务热线收到市民来电：“近两天大雪天气，上海城市井然有序，这离不开气象局的准确预报，为气象局点赞！”

中国第一高楼——上海中心大厦发布气象预警信号！由于该大厦远高于申城其他建筑，辨识度高，预警信号在方圆 10 千米内都清晰可见，可有效提醒市民及时防灾

▲ 组图：2018 年 1 月 24—26 日大雪期间，上海地铁站工作人员在清理站台和铁轨上的积雪

2018 年夏季台风

1949 年以来有 6 个正面登陆上海的台风，2018 年就有 3 个！第 10 号台风“安比”7 月 22 日 12 时 30 分登陆上海崇明；第 12 号台风“云雀”8 月 3 日 10 时 30 分登陆上海金山沿海；第 18 号台风“温比亚”8 月 17 日 04 时 05 分登陆浦东新区南部。1 个月内有 3 个台风直接登陆上海，为有气象记录（1873 年）以来首次。

台风防御工作结束后，上海市市长应勇专门发来慰问电：“这次‘安比’台风防御工作非常值得表扬的是气象局，勇担当，敢负责，为市委、市政府决策提供有力的科学依据，请转达对气象干部职工的感谢！”

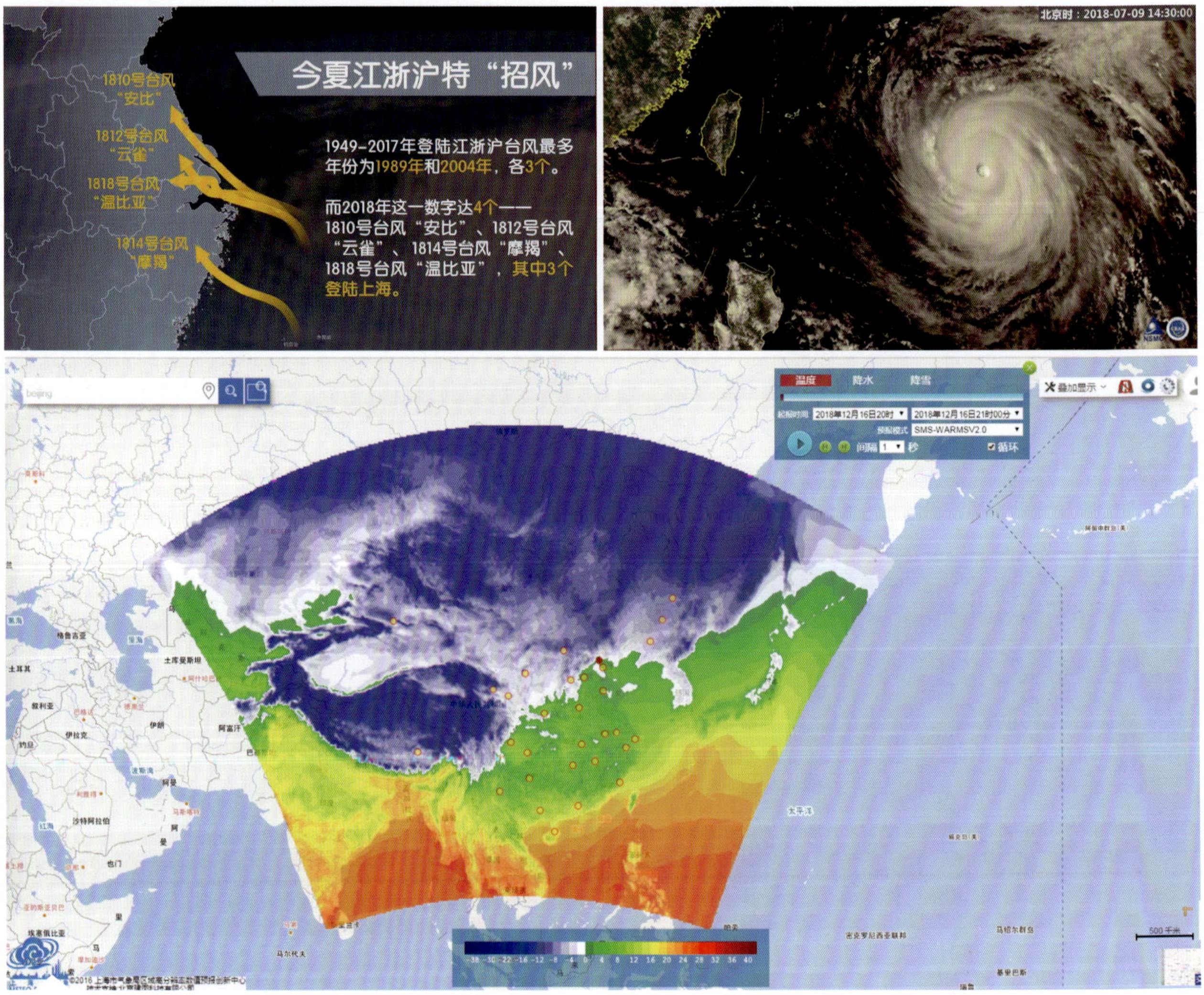

▲ 组图：“风云四号”卫星为台风定位定强提供了科学支撑，自主研发的华东区域数值预报模式，提前 3 天较为准确地把握登录上海台风的路径预报预测

气象服务国家重大战略

首届中国国际进口博览会气象服务

2018 年 11 月，首届中国国际进口博览会（以下简称进博会）在上海举行，气象服务为改革开放 40 年交付圆满答卷。

▲ 组图：进博会气象台被评为进博会“最美服务窗口”（上图）、上海中心气象台决策服务科获评“上海市工人先锋号”（下图）

• 领导关怀进博会气象服务工作

▲ 2018 年 10 月 12 日，中国气象局副局长余勇（前排左三）检查进博会气象服务保障准备工作

▲ 2018 年 11 月 7 日，上海市委书记李强（左一）在现场安保指挥部询问天气，上海市气象局现场保障人员告知天气情况

- 进博会气象台临时党支部带领志愿者做好服务工作

进博会气象台临时党支部发挥战斗堡垒作用

青年气象志愿者服务进博会

全职气象志愿者在外事保障组

· 进博会开幕式气象服务 24 小时

▲ 松江移动观测车开展现场加密观测

11 月 4 日 18 时，进博会气象台通过激光云高仪的监测数据及云水剖面数值模式分析明确给出：天气正在转好，云量 7 ～ 9 成，看不见蓝天。

11 月 5 日 03 时，进博会气象台值班首席预报员戴建华在雷达回波图上监测到弱降水，致电青浦、嘉定、松江等气象台了解天气实况。

11 月 5 日 05 时，进博会气象台的未来 24 小时逐小时天气预报，发送至市委、市政府及进博会现场安保指挥部等保障团队。

11 月 5 日 05 时 30 分，各区气象局启动人工加密观测。

▲ 虹桥商务区 11 月 5 日 08 时左右天空实况

▲ 上海市气象局局长董熔（右三）了解国家会展中心附近天气情况

▲ 中国气象局副局长矫梅燕在视频会议上对进博会后续气象服务作出指示

11 月 5 日 06 时，天空乌云密布，上海市气象局局长董熔到进博会气象台现场了解天气实况与未来发展趋势。加强岗首席预报员漆梁波介绍了最新观测和预报结论：早上 7—8 时可能出现零星小雨，上午以阴天为主。

11 月 5 日 06 时 50 分，上海市副市长时光辉连线市气象局，询问开幕式天气情况，董熔局长表示，“云层偏厚，对开幕式影响不大。”

11 月 5 日 07 时，进博会气象台现场服务首席服务官张瑞怡到达上海虹桥综合指挥平台。指挥平台对凌晨短时零星小雨天气有些疑虑，张瑞怡和进博会气象台大本营沟通后告知，后续以阴天为主，影响不大。

11 月 5 日 08 时，进博会气象服务视频会商会上，中国气象局副局长矫梅燕为进博会开幕式气象保障服务点赞，她要求上海气象部门要以良好的状态，继续密切跟踪监测天气情况，持续做好进博会滚动服务。

11 月 5 日 08 时 30 分，现场移动观测车传来好消息：国家会展中心上空云层变薄，天空变得越来越明亮！

11 月 5 日 09 时 45 分，首届中国国际进口博览会开幕，习近平总书记同外方领导人一同步入会场并发表主旨演讲。

11 月 5 日 13 时，上海市副市长时光辉在进博会保障服务部门碰头会上点赞上海市气象局，他表示进博会开幕式活动圆满，气象保障服务成功。

服务国家“一带一路”倡议

远洋气象导航系统

自主创新发展远洋气象导航，打破国际垄断，护航“一带一路”。上海市气象局联手合作伙伴自主研发的远洋气象导航决策支持系统，已成功为中国至巴基斯坦、南非等多条航线的船舶提供精准、安全的导航服务，打破了远洋气象导航长期被国外垄断的局面，成功实现“国船国导”梦，为“一带一路”保驾护航。

▲ 2017 年 8 月 27 日，远洋气象导航决策支持系统服务的“育鹏轮”行驶到马六甲海峡时风浪开始增大，与航线预报结论一致

▲ 货轮“IVS Windsor 号”采用远洋气象导航决策支持系统提醒，避开浅滩效应区域，顺利到达目的地

• 缅甸高分辨率区域数值预报业务系统

2017 年 8 月，上海市气象局向缅甸国家水文气象局通过数值预报云实时提供 9 千米区域模式数据产品，支撑缅甸气象业务服务。2019 年 4 月，上海市气象局在上海市科委项目的资助下研发了新的“缅甸高分辨率区域数值预报业务系统”，替换了原数据产品。该系统结合缅甸及印度洋气候背景和地域特点，采用上海市气象局高分辨率区域模式技术，建立高精度的区域数值预报模式系统，并研发面向缅甸典型气象灾害的数值预报检验诊断系统。通过项目合作，为当地经济社会发展和当地民生提供防灾减灾科学支持，提高中国企业在缅工程的气象灾害预警防范能力，推进缅甸气象局气象防灾能力建设，提升我国在印度洋区域的国际影响力。

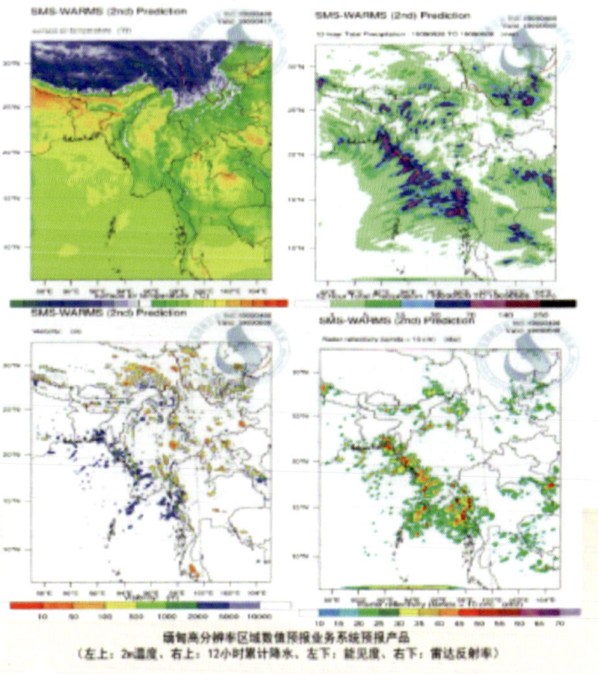

▲ 缅甸高分辨率区域数值预报业务系统预报产品截图

服务长三角区域一体化发展

建设长三角环境气象一体化平台，推进长三角环境气象协同发展，开展联防联动共同应对区域性重污染天气，打好长三角蓝天保卫战。

实现江浙沪皖三省一市 12 部雷达同步观测，组织开展长三角协同观测试验，提升长三角气象灾害联防能力，服务长三角区域一体化发展。

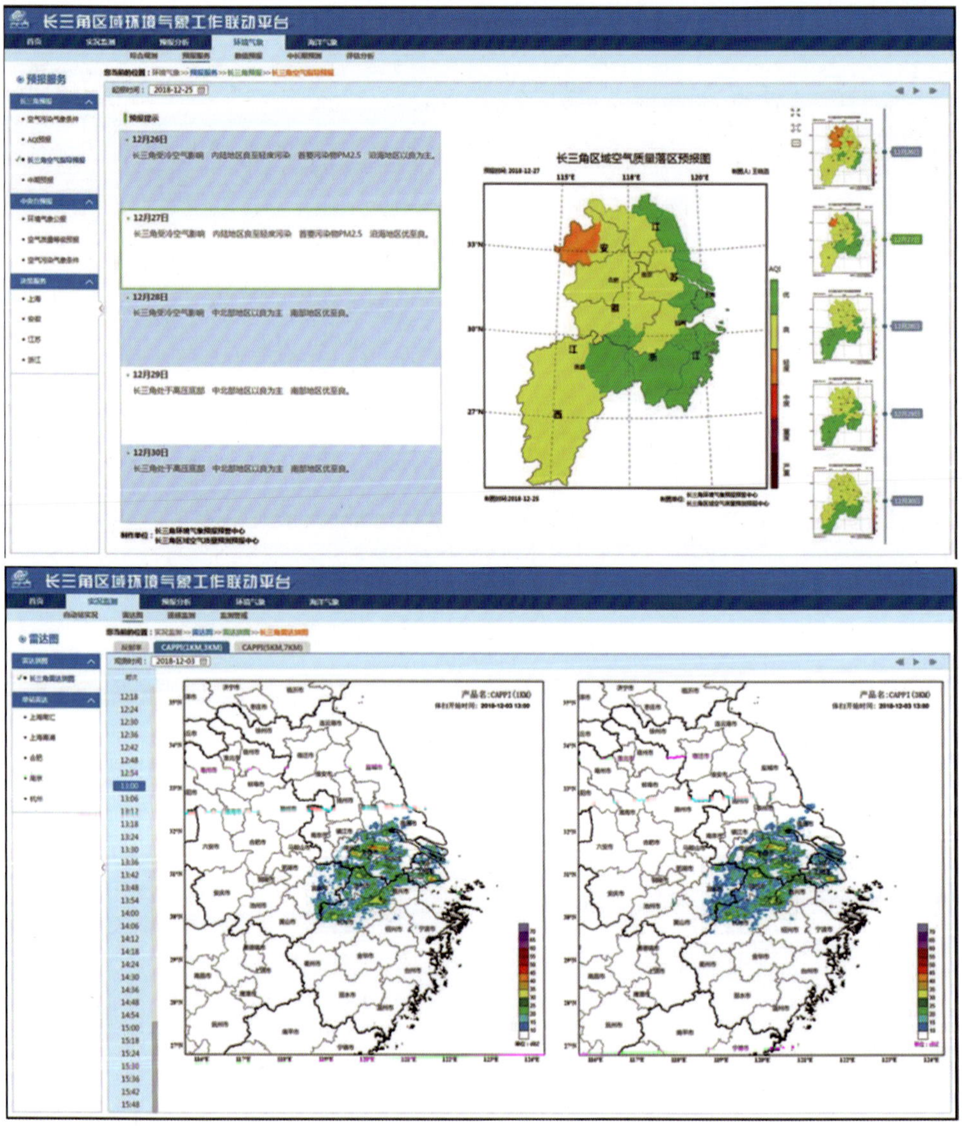

▲ 组图：长三角区域环境气象工作联动平台

位于沪苏浙交界区域的上海青浦、江苏吴江和浙江嘉善三地气象部门联合签发了《青浦、吴江、嘉善气象部门 2019 年一体化发展工作方案》，将联合打造一体化的智慧气象服务体系，全面保障长三角一体化发展示范区建设。

▲ 长三角一体化示范区气象信息显示系统

◀ 2019 年，落实长三角一体化发展国家战略，编制《长江三角洲区域一体化发展气象保障规划》，引领全国新一轮气象现代化建设

服务上海建设卓越的全球城市

· 上海成立首个省级突发事件预警信息发布中心，保障城市安全

▲ 2013 年 2 月，上海市副市长时光辉（左二）和中国气象局副局长许小峰（右三）为上海市突发事件预警信息发布中心揭牌

▲ 2018 年 1 月 11 日，上海市突发事件预警信息发布中心暨市气象灾害预警服务联络员工作会议召开

• 推进基于气象的城市风险管理模式（杨浦、徐汇、黄浦），助力上海“绣花式”城市精细管理

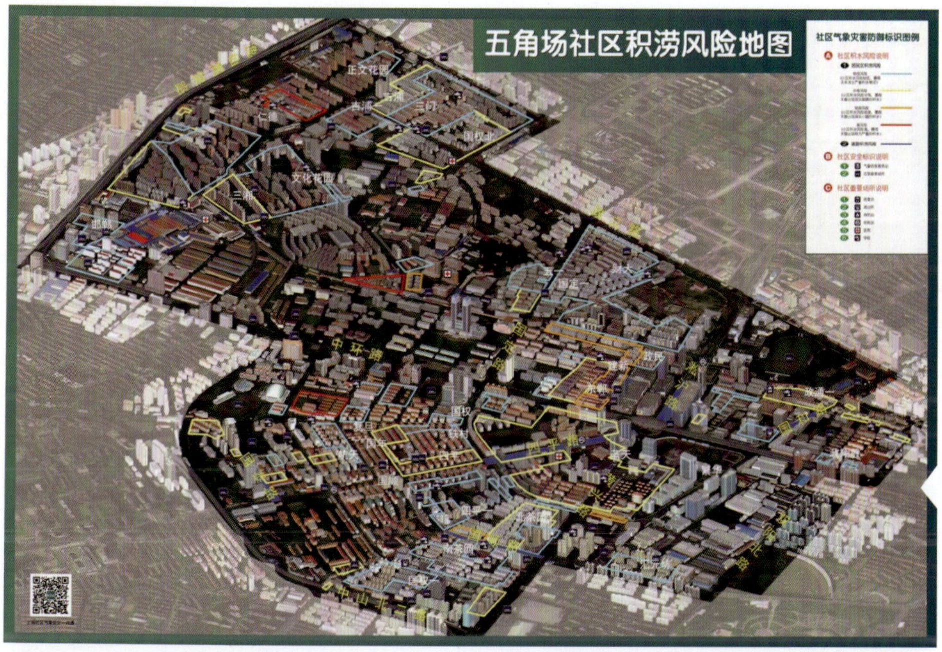

◀ 为杨浦区五角场社区等绘制社区积涝风险地图，并开展暴雨内涝风险预警精细化服务

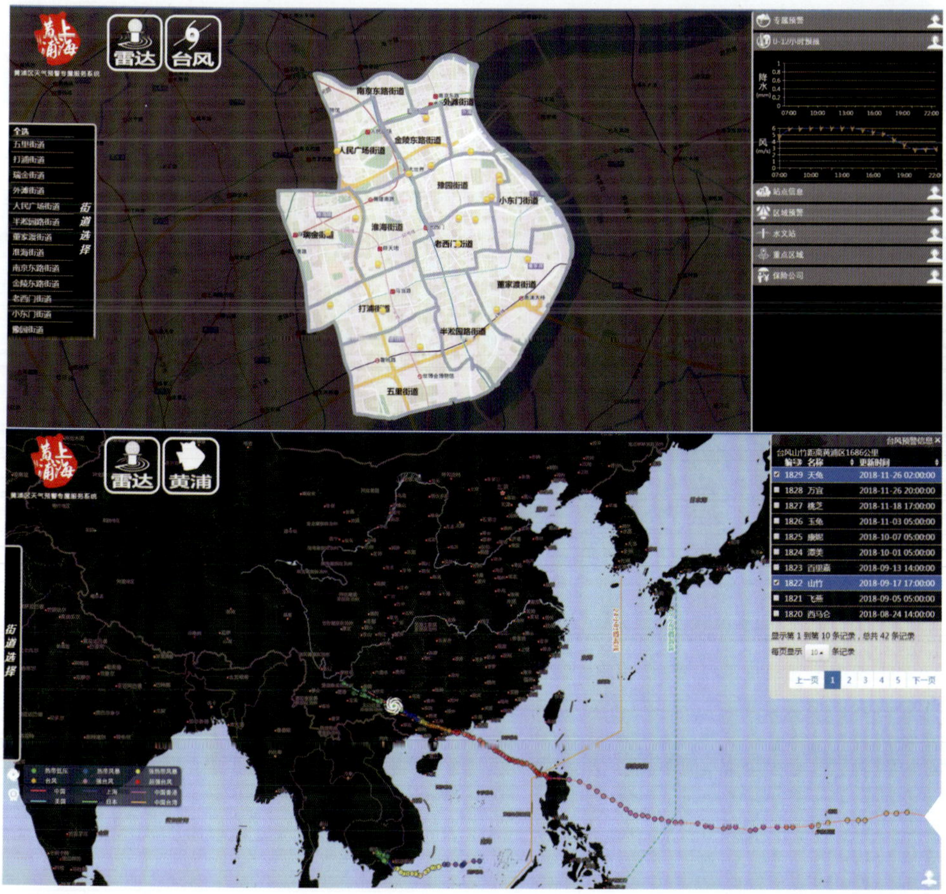

◀ 黄浦区天气预警专属服务系统

· 服务上海航运中心建设

2011 年，上海港集装箱吞吐量成为全球首个集装箱吞吐量突破 3000 万标准箱大关的港口，上海港站稳了世界第一大港的位置，气象服务的身影越来越多地参与其中，并发挥至关重要的作用。

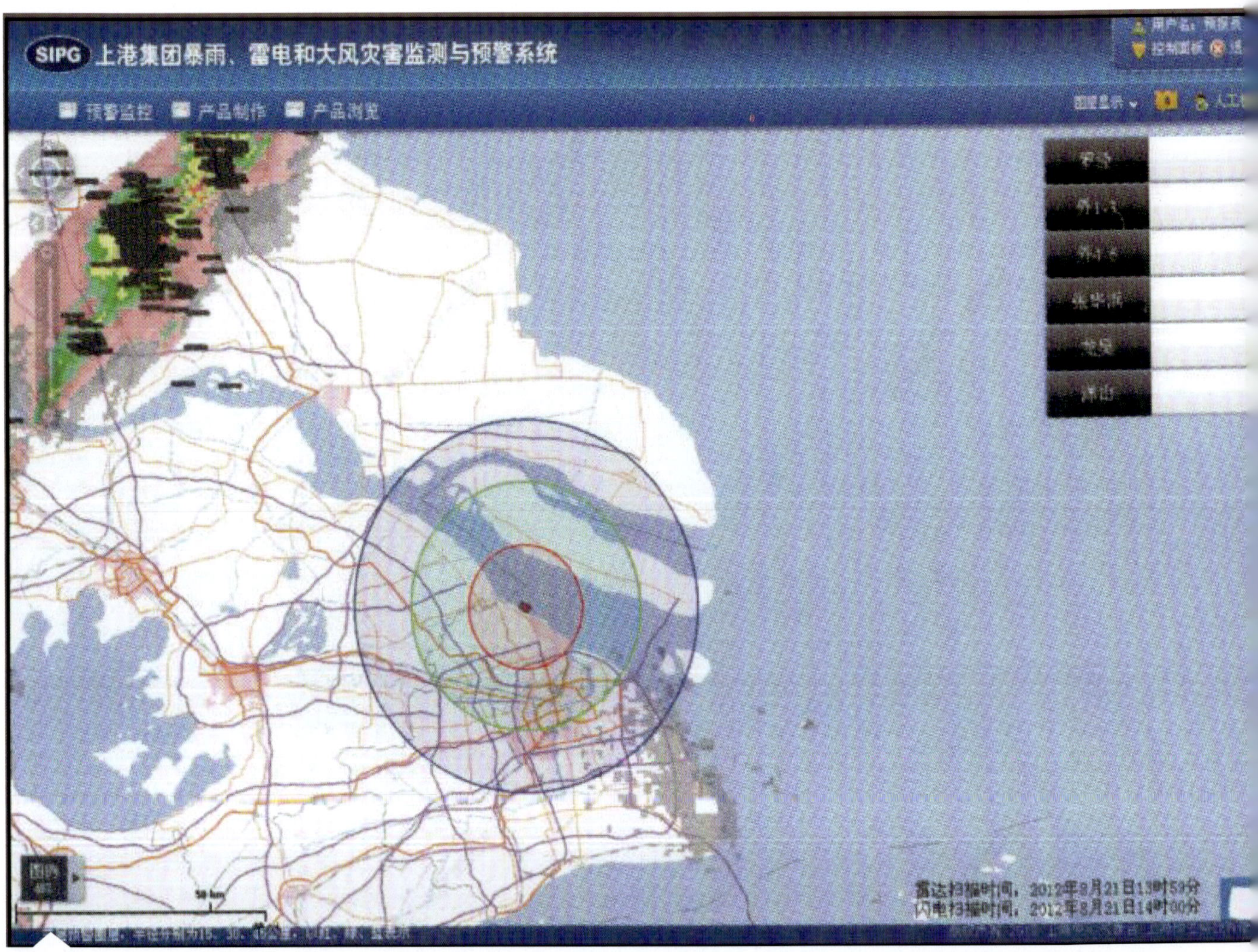

▲ 为上港集团旗下用户开发了“超短时”预警系统

• 城市大脑

上海市气象局以大数据分析为“线”，联动机制为“针”，“细绣”智慧气象服务城市精细化管理之“花”。目前建立的上海城市精细化管理气象先知系统，已融入上海市大数据中心，融入上海城市大脑，融入城市精细化管理全流程，已在上海徐汇、杨浦、浦东等多区落地，为推动城市管理从事中、事后为重点的精细化处置向事前为重点的精细化预防升级赋能，支撑2019年的第二届中国国际进口博览会，并长期促进长三角一体化发展。

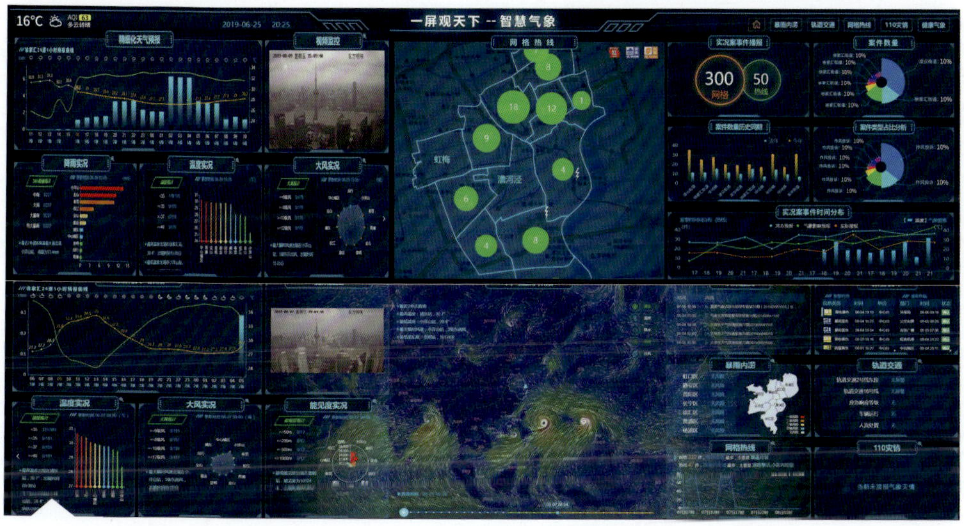

▲ 城市精细化管理气象先知系统

▲ 2019 年 4 月 17 日，上海市气象局局长董熔一行前往市公安局开展专题调研，主动对接城市运行管理和应急处置的城市大脑建设，积极推进智慧气象保障城市精细化管理工作，双方进行座谈

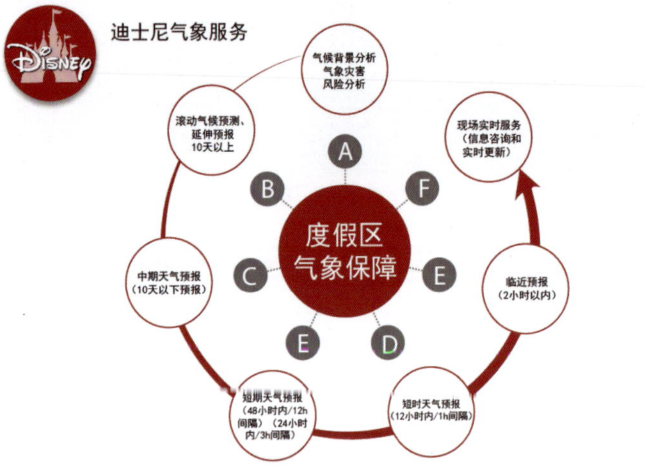

- 决策气象服务（针对旅游管理）：开展度假区长中短期预报、旅游决策服务、灾害天气风险预警、应急管理等服务。
- 公众气象服务（针对游客）：开展气象、旅游、环境、健康等气象监测预报。
- 专业气象服务（针对运营方）：开展运营气象条件、气象科普等服务。

- 开展精细化大风环境监测和诊断、大风灾害普查和风险评估。
- 配合轨交部门分析列车运行中的动力学性能，结合运行速度、横风速度、阻力、侧力和升力的变化，得到大风气象阈值。
- 综合交通部门应急预案中的响应标准，与交通运营管理人员共同确定风险等级，建立相对应的风险矩阵。
- 建立轨道交通气象影响预报与风险预警平台。

1
2 3

1. 组图：2018 年 10 月，邮轮气象服务成效显著
2. 为国际旅游度假区提供气象服务
3. 轨道交通气象服务

1
2
3

1. 组图：上海知天气 APP

2. 2015 年 7 月 10 日，9 号台风“灿鸿”影响期间，奉贤区首次利用气象、水务共建的区防汛视频会议系统，全程连线跟踪台风动态，指导各镇（社区、开发区）科学应对台风工作

3. 2019 年 9 月 13—15 日，奉贤区气象局全力做好首次落户上海的世界摩托车越野锦标赛中国站顶级赛事的现场气象服务保障工作

服务上海经济高质量发展

上海气象部门开展大飞机试飞试验气象保障，服务国产大飞机制造，努力为上海发展高端制造业、打响“上海制造”品牌做出贡献。

▲ 组图：2016 年 3 月 7 日，赴安庆开展飞机自然结冰探测试验气象服务

1
2
3

1. 2016 年 3 月 22 日，飞机自然结冰探测试验气象服务业务交流会召开

2. 组图：2017 年 5 月 5 日，为 C919 大型客机首飞提供现场专业预报服务

3. 2017 年 6 月 1 日，商飞集团感谢上海市气象局为 C919 大型客机首飞提供气象保障

智慧气象观测体系建设

我国首枚台风探测火箭在海南万宁点火发射

2015 年 10 月 3 日 23 时 00 分，中国气象局上海台风研究所在海南万宁成功发射我国首枚台风探测火箭。这是我国首次使用远程探测火箭获取台风内部数据，填补了我国海上台风结构和强度直接探测手段的空白。

▲ 首枚台风探测火箭发射瞬间

▲ 火箭探测现场施放探空气球

国家级华东登陆台风综合观测基地

国家级华东登陆台风综合观测基地于 2018 年 9 月 18 日建成，基地位于福建省宁德市霞浦县三沙镇三澳村，占地 32683 平方米，目前基地内安装有对流层风廓线雷达、激光测风雷达、微型测雨雷达、微波辐射计、激光雨滴谱仪和涡度通量观测系统等设备，可依托观测基地开展登陆台风外场科学试验，并获取台风机理研究及数值模式改进所必需的台风内部结构和台风边界层更精细的探测资料。

▲ 组图：华东登陆台风综合观测基地

浦东新区气象局

浦东新区气象局 1998 年 5 月启用，占地面积 5 亩，建筑面积约 2500 平方米，位于浦东新区锦绣路 951 号

宝山区气象站

2019 年，建设中的宝山区气象站

宝山区气象台新业务平台

闵行区气象局

▲ 闵行区气象局 1993 年 11 月启用，占地面积 7 亩，建筑面积 2625 平方米，位于闵行区莘浜路 555 号

嘉定区气象局

▲ 2017 年启用的嘉定区气象局新台站、观测场（位于嘉定区世盛路胜竹路交口）

金山区气象局

▲ 2013 年，金山区气象局观测场、风廓线仪

松江区气象局

▲ 松江区气象局 2017 年 1 月 1 日启用，占地 24.3 亩，建筑面积 3400 平方米

青浦区气象局

▲ 2019 年，青浦区气象局新大楼（上）、观测场（左下）、灾害预警中心值班室（右下）

奉贤区气象局

▲ 奉贤区气象局新楼 2010 年 1 月 1 日启用，占地面积 18.7 亩，建筑面积 2500 平方米，位于奉贤区金海公路 2225 号

崇明气象站

▲ 2014 年 10 月，崇明大气成分站正式启用

▲ 2016 年，崇明气象一体化业务平台正式启用

▲ 2014 年，崇明气象站新站正式启用

国内首次在台风环流内释放臭氧探空气球

▲ 组图：2019 年 8 月 9 日台风“利奇马”登陆期间，中国气象局上海台风研究所野外观测国内首次在台风环流内施放臭氧探空气球

合作中发展

2012 年第四届部市合作联席会议

2012 年 6 月 11 日，中国气象局与上海市政府在上海召开第四届部市合作联席会议，中国气象局局长郑国光、副局长许小峰，上海市市长韩正、副市长姜平出席会议。会议商定将共同支持上海率先实现气象现代化工作，共同探索上海气象事业体制机制改革创新，充分发挥上海气象在国家气象现代化中的先行先试作用。

2015 年第五届部市合作联席会议

2015 年 4 月 1 日，中国气象局与上海市政府第五届部市合作联席会议在上海召开，中国气象局局长郑国光、副局长许小峰，上海市市长杨雄、副市长时光辉出席会议。会议围绕加快推进上海率先实现气象现代化相关议题进行了审议和讨论。

▶ 2017 年第六届部市合作联席会议

2017 年 5 月 3 日，中国气象局与上海市政府在北京召开第六届部市合作联席会议，中国气象局局长刘雅鸣、副局长许小峰，上海市副市长时光辉出席会议。双方围绕创建全球气象服务科技创新中心、在上海开展气象服务社会化试点工作、建设上海气象数据中心以及完善气象双重计划财务保障体制等事项进行深入讨论，并达成共识。

▶ 2019 年第七届部市合作联席会议

2019 年 7 月 29 日，中国气象局与上海市政府第七届部市合作联席会议在上海举行，中国气象局局长刘雅鸣、上海市市长应勇等出席会议。双方聚焦国家重大战略和上海经济社会发展，共同推进上海气象在实现更高水平气象现代化上迈出新步伐，明确下一阶段重点推进的“五大工程”。

试飞气象工程研究中心成立

▲ 组图：2015 年 10 月 23 日，试飞气象工程研究中心揭牌，参加此次揭牌的人员有：商飞试飞中心主任钱进（右图右三）、副主任谭祥升（右图右二）、上海市气象局局长陈振林（右图左三）、副局长杨引明（右图左一）

华东区域气象科技咨询委员会第一次会议

2014 年 10 月 29 日，华东区域气象科技咨询委员会第一次会议暨区域基金合作项目专家评审会在上海市气象局召开。

华东区域气象中心数值预报研发应用研讨暨众创平台启动仪式

▲ 2016 年 9 月 13 日，华东区域气象中心数值预报研发应用研讨暨众创平台启动会召开

2018 年组建长江经济带数值预报联盟

来自 18 个省（自治区、直辖市）气象部门的 79 名技术骨干共同参与联盟相关工作，促进区域数值预报众创和共享应用，搭建长三角环境气象工作联动平台，实施秋冬季区域人工增雨改善空气质量试验。

部门合作

▲ 2013 年 12 月 26 日，上海市气象局与安信农业保险服务有限公司签订合作协议，共同研发和应用一体化的气象灾害保险产品

▲ 2014 年 12 月 23 日，上海市气象局与上海保监局签订合作协议，确定从五个方面加强合作

▲ 2015 年 6 月 19 日，水利部太湖流域管理局与上海市气象局签署战略合作协议

1 2
3 4

1. 2015 年 11 月 19 日，上海市气象局与民航华东空管局签署合作协议

2. 2016 年 7 月 20 日，上海市气象局与华东师范大学举行大气科学双聘教授受聘仪式暨局校合作推进会

3. 2016 年 9 月 29 日，上海市气象局与云南省气象局签署气象业务建设和人才交流合作协议

4. 2017 年 7 月 1 日，上海中心气象台与上海交通广播、上海应急广播签署“实时天气追踪”独家授权发布

领导关怀

▲ 2013 年 3 月 7 日，上海市人大常委会副主任洪浩（右二）参观市气象局

▲ 组图：2013 年 5 月 24 日，中国气象局副局长矫梅燕（左图前排右四，中图左二，右图左二）调研上海突发事件预警信息发布工作

1. 2013 年 7 月 31 日，上海市副市长蒋卓庆（前排右三）了解高温情况

2. 2014 年 11 月，中国气象局局长郑国光（右一）、上海市政府副秘书长吴建融（右三）共商上海率先实现气象现代化

3. 2016 年 2 月，崇明县县长马乐声（左三）到崇明县气象局检查指导工作

4. 2016 年 9 月，中国气象局副局长于新文（右二）一行视察宝山区气象局

▲ 组图：2017 年 1 月 11 日，中国气象局局长刘雅鸣视察上海市气象局

▲ 2018 年 8 月 23 日，崇明区委书记唐海龙（右三）调研崇明东滩大气成分观测站

▲ 2016 年 4 月 22 日，迪士尼乐园开园前夕，浦东新区领导视察度假区气象台

国际交流与国际会议

1 2
3 4

1. 2013 年 3 月 16 日，俄罗斯国家气象局局长参观上海市气象局

2. 2013 年 12 月 13 日，美国气象代表团参观上海市气象局

3. 2014 年 3 月 7 日，韩国气象厅代表团参观上海市气象局

4. 2014 年 3 月 26 日，英国代表团参观上海市气象局

1 2
3
4
5

1. 2014 年 4 月 5 日，澳大利亚气象专家在上海市气象局进行学术交流

2. 2014 年 9 月 28 日，世界气象组织第 44 期多国别考察暨全球气候服务框架实施研讨会在上海市气象局召开

3. 组图：2014 年 11 月 18 日，风云卫星发展咨询会在上海市气象局召开

4. 2014 年 11 月 19 日，第五届亚洲大洋洲气象卫星用户大会在上海市气象局召开

5. 2014 年 11 月 24 日，中国气象局台风数值预报重点实验室第二届学术委员会会议暨学术年会在上海市气象局召开，有多位国外专家作为实验室学术委员会专家委员参加会议

1 2 3
4
5
6

1. 2015 年 10 月 9 日，亚太台风委员会国际合作项目“近海台风强度变化科学试验”国际组委会第一次会议在上海市气象局召开

2. 2015 年 1 月 15 日，英国驻沪总领事馆主办的上海市应对气候变化风险专家研讨会在上海市气象局召开

3. 2015 年 6 月 24 日，国际航空会议在上海市气象局召开

4. 2015 年 8 月 20 日，非洲多国气象局代表参观上海市气象局

5. 2015 年 10 月 12—13 日，上海市气象局区域高分辨率数值预报创新中心第一次国际学术委员会会议在上海市气象局召开

6. 2016 年 5 月 10 日，世界气象组织第六届观测系统对数值预报影响研讨会在上海市气象局召开

1
2
3 4

1. 2017 年 12 月 6 日，韩国气象厅代表团参观访问上海市气象局

2. 组图：2018 年 10 月 10 日，第五届中英“面向服务伙伴的气候科学”计划（CSSP-China）科学研讨会在上海市气象局召开

3. 2018 年 10 月 29 日，台风观测、预报和理论国际讲习班在上海市气象局召开

4. 2018 年 12 月 26 日，第四届数值预报创新中心国际专家咨询会暨长江数值预报联盟研讨会在上海市气象局召开

获得的荣誉

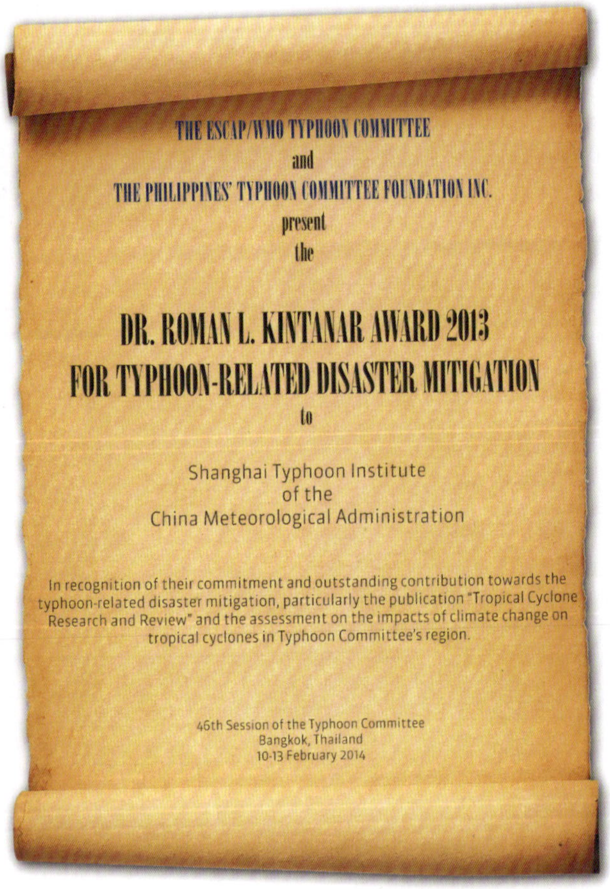
THE ESCAP/WMO TYPHOON COMMITTEE
and
THE PHILIPPINES' TYPHOON COMMITTEE FOUNDATION INC.
present
the

DR. ROMAN L. KINTANAR AWARD 2013
FOR TYPHOON-RELATED DISASTER MITIGATION
to

Shanghai Typhoon Institute
of the
China Meteorological Administration

In recognition of their commitment and outstanding contribution towards the typhoon-related disaster mitigation, particularly the publication "Tropical Cyclone Research and Review" and the assessment on the impacts of climate change on tropical cyclones in Typhoon Committee's region.

46th Session of the Typhoon Committee
Bangkok, Thailand
10-13 February 2014

1	2
3	
4	

1. 2014 年，3 项气象科研成果获上海市科技进步奖，上海市气象局连续 7 年获得市科技进步奖

2. 2014 年 2 月，中国气象局上海台风研究所获得联合国亚太经社会（ESCAP）、世界气象组织（WMO）台风委员会 2013 年金塔纳减灾奖

3. 2015 年 4 月 30 日，上海中心气象台决策预报科获得上海市模范集体称号

4. 2015 年 6 月 29 日，上海中心气象台决策预报科获得 2015 年度上海市市级机关先进集体

▲ 上海市宝山区气象局田青云获得 2017 年度全国科普讲解大赛一等奖

上海市科学技术奖

证 书

为表彰上海市科技进步奖获得者，特颁发此证书。

项目名称：台风多源数据分析及应用示范

获 奖 者：中国气象局上海台风研究所

奖励等级：二等奖

上海市人民政府

▲ 2017 年 11 月，“台风多源数据分析及应用示范”项目获得上海市科学技术类二等奖

国家科学技术进步奖

证 书

为表彰国家科学技术进步奖获得者，特颁发此证书。

项目名称：台风监测预报系统关键技术

奖励等级：二等

获 奖 者：中国气象局上海台风研究所

2018 年 12 月 12 日

证书号：2018-J-232-2-01-D02

▲ 2018 年 12 月，中国气象局上海台风研究所“台风监测预报系统关键技术”获得国家科学技术进步奖二等奖

▲ 2019 年 5 月 15 日，“面向航空安全的高分辨数值天气预报集成系统”荣获上海市科学技术进步奖三等奖

2019 年 9 月，“航空飞行气象监测及预警平台”项目入选第三届中国—阿拉伯国家技术转移与创新合作大会十项主推重要技术成果之一。

证书
CERTIFICATE

上海市生态气象和卫星遥感中心：

贵单位推送的“航空飞行气象监测及预警平台”项目入选第四届中阿博览会科技板块活动——第三届中国-阿拉伯国家技术转移与创新合作大会十项主推重要技术成果之一。

特发此证。

Shanghai Ecological Forecasting and Remote Sensing Center,

This is to certify that the project "Meteorological Monitoring and Early Warning Platform for Aviation Safety" conducted by your institution has been awarded as one of the Ten Major Technical Achievements of the Third China-Arab States Technology Transfer and Innovation Cooperation Conference of the Fourth China-Arab States Expo.

第三届中阿技术转移与创新合作大会组委会
Organizing Committee of the Third China-Arab States Technology Transfer and Innovation Cooperation Conference
二〇一九年九月五日
September 5, 2019

▲ 获奖证书

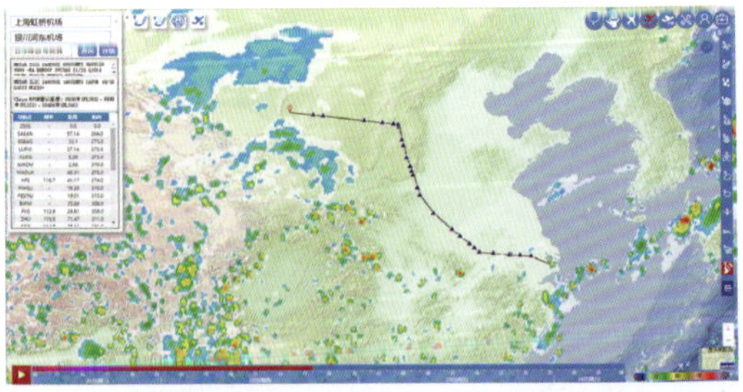

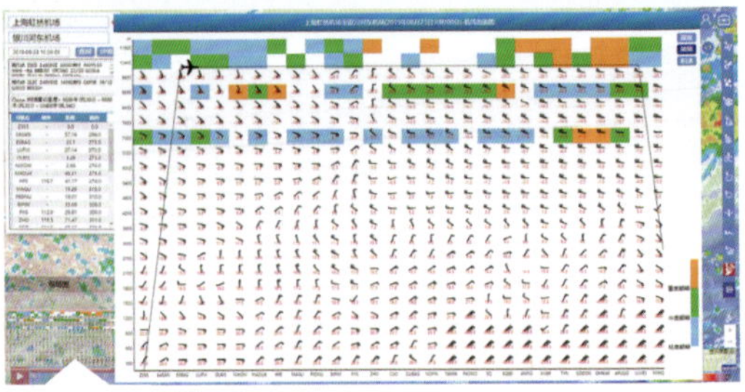

▲ 系统平台截图

宣传与科普工作

1 3 4

2

1. 2014 年 6 月 28 日，上海市学生气象夏令营开幕

2. 组图：2015 年 12 月 23 日，徐汇区汇师小学校园气象站成立

3. 2018 年 1 月 26 日，由市教委组织的“2017 学年气象与生活主题活动之气象冬令营”在松江气象科普教育基地举行

4. 2019 年 3 月 24 日，全国气象科普系列报告会在上海科技馆召开

2019 年“科学之夜”上海气象博物馆专场活动

▲ 组图：2019 年 5 月 24 日，2019“科学之夜”上海气象博物馆专场活动正式启动，VR 展区、“讲解员带你逛”移动观测车、演播室、科普小讲堂等吸引了广大气象爱好者

精神文明、党建工作

1. 2014 年 4 月 3 日，金山区气象局组织观看党风廉政教育片

2. 组图：2015 年 6 月 18 日，气象人电影《青海湖畔》上海首映观摩会召开，著名电影艺术家秦怡出席观摩会

3. 2016 年 3 月 7 日，上海市气象局举办“庆三八国际劳动妇女节”《女性职业形象塑造》讲座

▲ 2016 年 9 月 7 日，上海市气象局羽毛球队参加上海市市级机关第三届羽毛球比赛获团体第五名

▲ 2016 年 9 月 26 日，上海市气象局干部职工 30 人参加市级机关健康走活动

▲ 2016 年 10 月 8 日，上海市气象局干部职工参加市级机关摄影比赛并获得多项奖项，上海市气象局工会被授予上海市职工摄影家协会常务理事单位

▲ 2016 年 12 月 1 日，上海市气象局举办干部职工中外文化交流主题活动

▲ 2017 年 1 月 23 日，上海市气象局举办年度文明行业创建工作会

▲ 2017 年 3 月 13 日，上海市第九届文明行业考评会在上海市气象局召开，全市 42 个行业参加了答辩，上海气象行业综合考评全市第一

▲ 2018 年 2 月 8 日，上海气象部门全面从严治党工作会议召开

▲ 2018 年 6 月 11 日，上海市气象局干部职工参加市级机关职工健康走活动

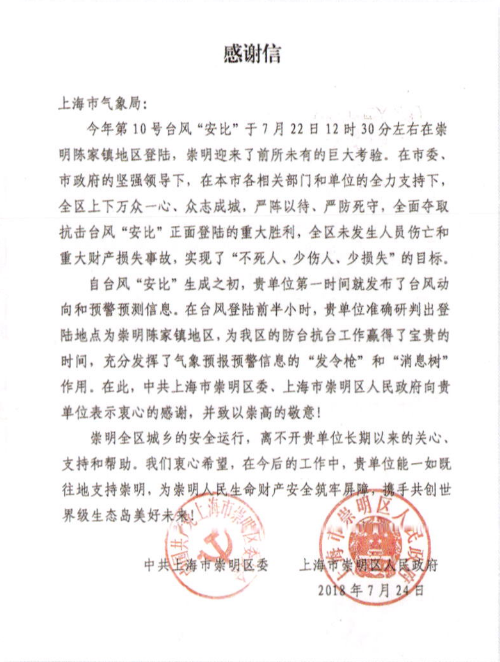

感谢信

上海市气象局：

今年第 10 号台风“安比”于 7 月 22 日 12 时 30 分左右在崇明陈家镇地区登陆，崇明迎来了前所未有的巨大考验。在市委、市政府的坚强领导下，在本市各相关部门和单位的全力支持下，全区上下万众一心、众志成城，严阵以待、严防死守，全面夺取抗击台风“安比”正面登陆的重大胜利，全区未发生人员伤亡和重大财产损失事故，实现了“不死人、少伤人、少损失”的目标。

自台风“安比”生成之初，贵单位第一时间就发布了台风动向和预警预测信息。在台风登陆前半小时，贵单位准确研判出登陆地点为崇明陈家镇地区，为我区的防台抗台工作赢得了宝贵的时间，充分发挥了气象预报预警信息的“发令枪”和“消息树”作用。在此，中共上海市崇明区委、上海市崇明区人民政府向贵单位表示衷心的感谢，并致以崇高的敬意！

崇明全区城乡的安全运行，离不开贵单位长期以来的关心、支持和帮助。我们衷心希望，在今后的工作中，贵单位能一如既往地支持崇明，为崇明人民生命财产安全筑牢屏障，携手共创世界级生态岛美好未来！

中共上海市崇明区委　　上海市崇明区人民政府

2018 年 7 月 24 日

▲

2018 年 7 月，崇明区委、区政府为感谢上海市气象局在防御台风“安比”中做出的重要贡献，特写来感谢信

▲ 2019 年 3 月 4 日，上海气象部门举行“3 · 5”学雷锋活动

▲ 2019 年 4 月 28 日，长三角环境气象预报预警中心预报预警科获“上海市工人先锋号”称号

▲ 2019 年 4 月 29 日，财政部专员办向上海市气象局赠送“携手共进 同创文明”的锦旗

▲ 2019 年 5 月 20 日，上海市气象局获市级机关拔河比赛二等奖

▲ 2019 年 5 月 29 日，上海市气象局精神文明建设工作会议召开

▲ 组图：2019 年 6 月 6 日，岳西县上海气象希望小学校园气象站揭牌

上海气象大事件

1949 年 5 月 31 日，中国人民解放军上海市军事管制委员会下达军事接管第一号命令，接收大西路 377 号（今延安西路 394 弄 8 号）原国民党中央气象局上海气象台。

1950 年 12 月 11 日，根据中央人民政府外交部指令和上海市军事管制委员会命令，上海市军事管制委员会徐家汇及佘山天文气象台管理委员会接管徐家汇观象台，结束了外籍人员在上海开展气象业务的历史。

1951 年 6 月 27 日，《上海气象台台风警报发布办法》报请华东军政委员会批准，于 7 月 9 日公布实行。

1952 年 11 月 1 日起，上海气象台和华东人民广播电台合办大风警报广播，每天向华东沿海播发 2 次。

1954 年 11 月，华东区上海海洋气象台扩建为上海中心气象台，直属中央气象局建制领导，负责指导的天气业务范围为江苏、浙江、福建 3 省。

1956 年 5 月 1 日，上海气象局成立（地址：岳阳路 197 号），统一管理江苏、浙江两省和上海市的气象工作。

1957 年 12 月 6 日，上海中心气象台与上海市市内电话局联合举办电话自动答询服务台，电话号码为“292229”。

1958 年 6 月，上海中心气象台开展未来一个月的气候展望，供农业部门参考。

1959 年 5 月，经上海市人民委员会报请国务院批准，上海市气象局正式宣布成立。上海市气象局与上海中心气象台合署办公。6 月，上海建成中国第一个天气雷达站，采用从英国引进的马可尼测雨雷达，这是中国首部测雨雷达。

1964 年，上海市气象局正式开展数值天气预报方法的研究和应用，使上海成为全国最早开展数值天气预报的地区之一。

1969 年，上海市气象局牵头整编新中国成立以来历年的《台风年鉴》。

1974 年 4 月，上海市气象局购进国产 DJS-6 型电子计算机，运算速度 5 万次 / 秒，为我国气象部门开展早期的计算机业务提供便利。是年，承担中国第一个拟建核电站（即 728 工程）选址气候研究任务。

1975 年 3 月 7 日，上海中心气象台与郊县气象站之间建立无线电气象传真广播系统，此为全国气象系统最早建立的无线电传真网络。

1976 年，上海市气象局与南京大学协作研制的国内最早的台风路径数值预报正压模式投入业务试用。

1978 年，上海市气象局 6 项科研成果获全国科学大会奖：1. 业务数值天气预报自动化系统；2. 地面气象资料信息化模式及处理标准程序；3. 预报西北太平洋台风路径的统计动力学方法；4. 近五百年旱涝研究及超长期天气预报的试验；5. 水稻寒露风危害规律、长期预报和防御措施的研究；6. 用正压原始方程预报西北太平洋热带气旋路径。

1980 年 5 月，上海市气象局数值天气预报业务自动化系统及模式输出统计预报，由北京气象中心以 A 模式向全国气象系统广播，为我国天气预报自动化、定量化、客观化迈出第一步。

1981 年 6 月，建成上海市气象台站之间的超高频通信网，成为全国最早的省、市级气象台站间的超高频通信网。

1982 年，在上海市区东、南、西、北、中建设了 11 个民办公助的城市气象哨，这是中国第一个城市气象观测网。

1983 年 2 月 1 日，成立上海区域气象传真广播台（二级气象传真广播），牵头组织华东区域的十二部天气雷达联防组网，制作雷达回波综合分析图等气象资料，通过二级气象传真广播对外发布。

1985 年 1 月，新建的上海气象大楼竣工启用。大楼高 61.4 米，主楼 14 层，建筑面积 1.12 万平方米，是全国气象系统第一座高层气象业务大楼。

1986 年 12 月 26 日，经市团委《关于组成共青团上海市气象局第一届委员会的批复》同意，上海市气象局成立了第一届共青团委员会。

1987 年 3 月，开通上海与北京气象中心的高速通信电路，建成以计算机为中心的上海区域气象通信枢纽，使上海气象通信跨入世界先进行列。

1988 年 5 月 20 日，上海区域气象中心宣布成立，区域范围包括山东、安徽、江苏、上海、浙江、江西、福建六省一市的气象部门，是调整后全国第一个挂牌的区域气象中心。

1989 年 9 月，为泰国气象厅计算机系统移植上海市气象局的数据库、图形图像库等气象软件，是我国气象部门首次进行计算机运用软件技术出口的尝试。

1990 年 10 月，市政府以沪府办（1990）139 号文批准上海市气象局开展防雷工作。

1991 年，“上海地区短时灾害性天气监测、预报、服务系统的研究”课题获 1990 年度上海市科技进步一等奖。

1993 年 5 月 8 日，上海华云气象警报寻呼台成立并开始为用户服务。5 月 9-18 日应东亚运动会组委会要求，与空军部队合作成功开展了我国首次人工消雨试验。

1996 年 7 月 1 日，上海气象影视中心建成，有节目主持人的电视天气预报节目在上海电视台和东方电视台首次播出。

1997 年 11 月 28 日，全国第一部世界先进的进口 WSR-88D 天气雷达在浦东南汇落成，有力地推动了我国新一代气象雷达系统建设进程。为成功做好 9711 号台风预报工作，为全市防台工作做出贡献。

1998 年 6 月，上海中心气象台在全国率先建立首席预报员制度，首批任命 3 位首席预报员。

1999 年 6 月 1 日，上海市气象局与市环保局合作，在全国率先向社会发布每日城市空气质量预报。12 月 18 日，上海市政府通过了《上海郊区气象现代化建设三年规划（2000—2002 年）》。根据规划精神，对郊区气象现代化的要求归纳为“三点三化”，即气象台站要成为气象工作的基点、科学普及点和旅游景点，气象工作要实现大气探测自动化、预报会商可视化、信息服务网络化。

2000 年 3 月起，上海中心气象台在全市范围内聘请 20 位市民为天气预报质量监督员，对每日天气预报的准确率进行评定打分，并在电视天气预报节目中公布。

2001 年 12 月，经国家科学技术部、财政部、中央编制办公室和中国气象局批准，在原上海市气象科学研究所（上海台风研究所）的基础上，重组建立中国气象局上海台风研究所（上海市气象科学研究所），官方简称“台风所”，成为中国气象局 8 个专业气象研究所之一。

2003 年 3 月，上海市气象局装备第一辆移动气象监测车，用于现场服务等特殊需要时的气象监测。12 月 3 日，上海市人民政府以第 14 号政府令的形式发布《上海市灾害性天气预警信号发布试行规定》。

2005 年 6 月 2 日，上海市人民政府与中国气象局共同签署《加快发展上海气象事业合作协议》，在全国率先建立国家和地方共同支持气象事业发展的省部合作机制。

2006 年 7 月 1 日，洋山港气象站正式纳入中国气象局业务序列，为上海市气象局唯一的海岛艰苦站。10 月 26 日，上海市十二届人大常委会第三十一次会议表决通过了《上海市实施〈中华人民共和国气象法〉办法》，并于 2006 年 12 月 1 日起实施。

2009 年 12 月底，上海青浦新一代天气雷达投入业务试运行。

2010 年 4 月 30 日晚，举世瞩目的中国 2010 年上海世界博览会在黄浦江畔盛大开幕。在世界博览会 159 年历史上，首次出现以气象为主题的独立展馆——世界气象馆。2010 年 10 月 30 日，国际展览局授予世界气象馆“上海世博会评委会特别奖”。12 月 27 日，中国 2010 年上海世界博览会总结表彰大会在北京举行，上海气象部门三集体、三个人获得先进荣誉称号。

2012 年 2 月，上海台风研究所创办亚太台风委员会的台风专业英文学术期刊——*Tropical Cyclone Research and Review*（热带气旋研究与评论）。同年，上海气象业务科技楼竣工启用。

2013 年，上海市突发事件预警信息发布中心成立，这是全国首个省级预警发布中心。

2014 年 10 月 29 日，华东区域气象科技咨询委员会第一次会议暨区域合作基金项目专家评审会在上海市气象局召开。

2015 年 6 月 3 日，上海市气象局与中国商飞民用飞机试飞中心签约，共同推进国产大飞机试飞特殊气象保障工作。10 月 3 日，我国首枚台风探测火箭（中国气象局上海台风研究所和中国航天科工集团共同设计研发）在海南万宁点火发射并取得成功。

2016 年 4 月 8 日，上海市政府与中国气象局在沪联合召开上海率先实现气象现代化总结暨“十三五”发展启动会。上海市政府发展研究中心对上海气象现代化工作开展了第三方评估，评估得分 95.5 分。

2017 年 3 月 1 日，《上海市气象灾害防御办法》正式施行，合理权衡了政府与社会、组织与个人的权利义务分配，对全市气象灾害防御工作进行了制度设计和上位法细化。

2018 年，长江经济带数值预报联盟组建，联合来自 18 个省（自治区、直辖市）气象部门的 79 名技术骨干共同参与，促进区域数值预报众创和共享应用。搭建长三角环境气象工作联动平台，实施秋冬季区域人工增雨改善空气质量试验。华东区域高分辨率数值预报向缅甸气象部门移植输出。组建混合所有制企业，开展具有自主知识产权的运行导航服务，保障“一带一路”倡议顺利实施。

2019 年，落实长三角一体化发展国家战略，编制《长江三角洲区域一体化发展气象保障规划》，引领全国新一轮气象现代化建设。